上海优秀勘察设计

2005

上海市勘察设计行业协会　编

主编：沈 恭　黄 芝

中国建筑工业出版社

图书在版编目(CIP)数据

上海优秀勘察设计：2005／沈恭，黄芝主编．－北京：中国建筑工业出版社，2005
ISBN 7-112-07849-0

Ⅰ.上… Ⅱ.①沈…②黄… Ⅲ.建筑工程－地质勘探－设计－作品集－上海市－2005 Ⅳ.TU19

中国版本图书馆CIP数据核字(2005)第129144号

执行编辑：陆德庆
编　　辑：张绍弘
责任编辑：徐　纺　韦　然

上海优秀勘察设计 2005

上海市勘察设计行业协会 编
主编：沈恭　黄芝
*
中国建筑工业出版社出版、发行（北京西郊百万庄）
新华书店经销
上海恒美印务有限公司制版
恒美印务（番禺南沙）有限公司印刷
*
开本：889×1194mm　1/16开
印张：16　字数：512千字
2005年11月第一版　2005年11月第一次印刷
印数：1－2000册　定价：170.00元
ISBN 7-112-07849-0
(13803)

本社网址：http://www.cabp.com.cn
网上书店：http://www.china-building.com.cn

2005年度上海市优秀勘察设计评委会

主　　任：沈　恭

副 主 任：郑时龄

常务副主任：黄　芝

委　　员：江欢成　魏敦山　林元培　许忠卿　朱建纲　沈红华　柳亚东　於崇根　王勤芬　陈　康　孙剑东　陆濂泉　张俊杰　唐玉恩　周国鸣　徐兴玉　袁雅康　陶福山　朱祥明　陆忠民

初审专家：

茅红年　陈　姞　陈鼎木　姜坚华　冯旭东　沈惠中　邵民杰　丁文达　杨旭川　王伟宙　陶福山　张永来　夏　寅　周涤生

评审专家：

张俊杰　唐玉恩　陈华宁　汪孝安　高晖鸣　沈元璋　方子晋　王海良　张皆正　王惠章　吕长卓　翁　皓　黄向明　沈文渊　徐兴玉　彭国雄　洪国治　陈炳生　周涤生　周　良　钱寅泉　张震超　黄锦源　王宗仁　沈裘昌　羊寿生　张　辰　俞加康　王友村　汤锁庚　乔宗昭　励建全　顾赛英　杜心慧　周国鸣　巢　斯　王振雄　蔡鎡红　陈大钧　霍维捷　章关福　李韶平　许国良　顾嗣淳　陈龙海　夏汉强　张凤新　李友达　陶福山　刘新平　邹　俭　王治达　祁和俊　温大威　姚震生　冯旭东　徐　凤　潘德琦　徐惠良　归谈纯　袁雅康　周知信　裴　捷　徐惠亮　钱　达　陆濂泉　胡仰耆　何　焰　葛瑞昆　王　健　赵九龙　温伯银　李文立　钱克文　夏　林　刘德生　周惠黎　葛生浩　王大庆　王钟斋　严玲璋　臧庆生　周在春　魏凤巢　周涤生　褚祖钰　陈宗耀　李磁泉　李丽娟　孙晓波

评优办公室：

主　　任：蔡咏榴

成　　员：朱隽倩　陈 姞　姜坚华　黄　良　杨旭川　王伟宙　严　勤　徐为嘉　张绍弘　纪　爽

（以上排名不分先后）

序

由上海市勘察设计行业协会主持举办两年一度的上海市优秀工程勘察设计评选活动和上海市优秀住宅设计的评选，已进入第五年，2005年度上海市优秀工程勘察设计获奖项目成册出版又飨读者，幸甚。

为本届开展评优工作，协会邀聘了23位评委、108位评审专家；申报参评的单位达62家，参评工程勘察设计项目有292项，参评专业项目22项；本届评出的获奖项目共184项。这些数据表明，无论是参与评优活动的单位或是参评项目之数量，评委和评审专家阵容之规模，均为协会主办评优活动以来之最。

本届评优借鉴了历次工作经验，根据国情市情，注意到在技术政策上的正确导向，评选时充分考虑设计在经济、实用、安全、环保及美观等方面的创新特色，强调节地、节能、节材和可持续发展的原则鼓励各设计单位的原创作品参加评选。对于工业项目的工艺设计，也在评审中注意其特殊性，以有别于民用建筑项目。本届评优工作无论在评选标准、原则、方法和程序方面，在坚持公平、公正、公开方面，在坚持评选标准的正确导向方面，均使勘察设计评优为推动全行业技术创新、设计创优，鼓励中小型勘察设计单位积极参与，并使全行业技术进步和行业整体持续发展，又跨出了新的一步。

鉴于本届评出的获奖项目数量较往届增辐较大，因此，在汇编本集时，对每个获奖项目的介绍，文更简、图更略，以避免占页增量，使全书增厚过重，不便阅览。为弥补此憾，本集特意附录了获奖单位一览，以便相互交流。

倪学 黄芝

前言

作为上海城市建设发展的“窗口”之一，“上海市优秀勘察设计评选”活动是反映城市特色和当前设计整体水平的“标尺”。与往年一样，本年度的设计评选活动留下颇多惊喜和思考，更给上海设计界带来新的期盼。

本届评选工作开展之初，上海市勘察设计行业协会、评委会就以提倡技术创新、建筑节能、环保、绿化、智能化及原创精品等设计理念为重点导向，突出体现“客观、公正、科学”原则。对重大项目的评选，注重进行协会公示，以获得社会的认可。今年的评选活动共有62家勘察设计单位报送292个项目，所报项目投资规模大、技术水平高，注重创新技术，在国内外都有较大影响。

按照评优规则和评审程序，所有参评项目分别按民用(公共建筑)、工业、市政、园林和勘察测量项目分类。同时，对个别规模大、工程复杂的项目，评委会还组织专家进行现场综合评议，并规定，在获奖比例上，民用建筑在不降低评选标准的情况下，鼓励原创设计，用节能环保理念作为设计方向。生态建筑以高新技术为主导，以科技创新和技术集成为手段，体现节约资源、减少污染、创造健康舒适愉快的建筑环境，与周围生态环境相融共生的原则，是实施城市可持续发展战略中不可或缺的重要方面，也是建筑发展的主流方向。

评委会十分关注参选设计项目的标志性和时代性、民族风格与现代风格相结合、整体规划相协调的设计要求，既传承历史文脉，又以发展的角度加以提炼与创新，建筑内外部空间环境设计、建筑形态设计、建筑细部设计既表达出沉稳的建筑观感，又体现精致的现代工艺技术和建筑精神。

应用现代造型与中国传统文化融为一体的设计理念，使设计主体充满现代气息，并极具民族特色。在本届评出获奖项目中，原创的一等奖获奖作品并不亚于中外合作设计的获奖项目，其专业技术水平反映出国内整体设计水平与国外差距越来越小，完成度越来越高，越来越精细。

从本次评选结果看，上海的设计作品正在走向全国乃至世界，有近三分之一的一等奖项目分布在全国各地，还有一项在国外。由于本次评审突出了技术创新原则，起到了激励创新、增强精品意识、推动行业技术进步、加快科技成果转化、提高项目综合效益和企业核心竞争力、鼓励人才脱颖而出的作用。

三年来，上海市勘察设计评选活动对上海勘察设计行业的政策导向、工程项目的理念创新、技术创新及专业技术发展都有很大的提升，反映出市场开放后，中国设计公司面临国外设计师的挑战，采用合理技术，正使自己的设计水平越来越与国际接轨。

上海市勘察设计行业协会《评优办公室》

目 录

2005年度上海优秀勘察设计二等奖

2005 年度上海优秀勘察设计三等奖

2005 年度上海优秀勘察设计

一等奖

上海国际赛车场

设计单位：上海建筑设计研究院有限公司（德国Tilke建筑设计公司合作设计）

主要设计人：袁建平、袁刚、顾嗣淳、周春、杨军、曹国峰、周晓峰、包虹、叶谋杰、胡戎、谌小玲、陈文莱、万阳

本工程为上海国际汽车城的一个重要部分，对嘉定区乃至上海市的城市定位和社会效应，具有重要影响。F1方程赛车道和整个建筑群鲜明的特色，使上海成为中国的赛车运动的中心。

赛车场的总平面布局，结合绿化设计，使整个建筑群布置成园林形式。建筑立面采用金属铝板、玻璃、不锈钢构件相结合的幕墙体系，在绿化中体现了一种现代化高科技的建筑形象，主、副看台的看台板均采用清水预制混凝土构件，不加任何有色涂料饰面，简洁大方，朴素无华的质观更加体现出混凝土构件的自身美感。场地内有四处较高的堆土区使得整个赛车场高低起伏错落有致。

上海国际赛车场是一个具有较多单体建筑组成的建筑群。**建筑设计**包括一个能容纳3万人座位的主看台和二个各容纳1万人座位的副看台是国际赛车场的主要建筑。主看台位于广场的主入口，在悬臂前挑34m，后挑19m的金属遮阳棚的覆盖下更显亲切、人性化。副看台则采用亮丽的膜结构，像一朵朵水中浮萍漂浮在赛车场的东南处。主看台跨过主赛道正对的是整齐的比赛工作楼，此建筑的功能专为赛车提供赛时检修、换胎、加油等工作，二层为贵宾观赛室，屋顶可作为赛时专供贵宾之用的露天吧，比赛工作楼东、西两端为比赛控制塔和行政管理塔，两塔楼和主看台间分别采用约100m跨度的钢桁架，架起空中的餐厅和新闻中心。在整个建筑群的组成中，还有能源中心、急救中心、直升飞机停机坪、车队营地、车队生活区用房、物业管理楼、卡丁车比赛工作楼、垃圾收集场地、雨水泵房等建筑。

结构设计的主要内容包括：400m长的主看台、上部结构采用了现浇钢筋混凝土（部分构件为钢骨混凝土）框架结构及预制混凝土看台板；基础下设置32m长、400mm见方的混凝土预制桩；400m范围内设置两道沉降缝及伸缩缝；看台挑篷设置于钢骨混凝土单柱顶部，均采用实腹式工字钢。空中餐厅及新闻中心，采用了一端搁置于塔顶转换桁架、一端搁置于主看台的大跨度梭形钢桁架，两支座间跨度91.3m，加上两端的悬挑，总长度138m；梭形桁架上下弦为箱形钢梁，腹杆为圆钢管；桁架采用GZ25MN型盆式组合橡胶隔震支座，最大竖向承载力25000kN。副看台、看台采用钢筋混凝土框架结构；挑棚采用由26个高低错落组成的、在钢骨混凝土单柱上悬挑的钢索膜结构。比赛工作楼，采用混凝土框

架结构，大跨度屋面采用预应力混凝土构件。赛道采用路堤桩技术。

电气设计中，赛事专用弱电系统主要包括：计时系统（TK）、光纤网络系统（FON）、信号灯系统（LED）、比赛管理系统（RCM）、故障指示系统（FIS）、信息显示系统（ID）、赛场监控系统（VS）、数字视频存储系统（CSS－DVS）、卫星及有线电视系统（SMATV）等。

建筑智能化系统包括：建筑设备自控系统（BAS）、安全防范系统（SAS）、赛场周界监控系统（CSS）、综合布线系统（GCS）、计算机网络系统（NETWORK）、火灾自动报警系统（FAS）、移动通信中继系统等。

上海东方艺术中心

设计单位：华东建筑设计研究院有限公司（法国巴黎机场公司合作设计）

主要设计人：崔中芳、汪大绥、张伟育、金瓯、梁葆春、赵磊、
朱伟荣、田建强、朱莹

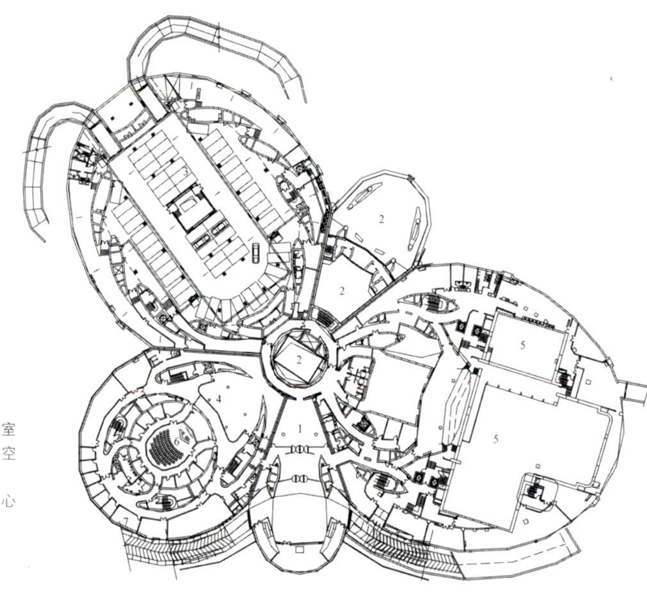

1. 贵宾休息室
2. 排练厅上空
3. 停车场
4. 多媒体中心
5. 台仓
6. 会议厅
7. 培训室

东方艺术中心的基地稍稍偏离浦东新区世纪大道的轴线，与中央广场相毗邻。一个吸引人们注意的文化焦点，在世纪大道尽端突然出现，正如其他标志性建筑一样，使人产生强烈的印象并赋予其个性。

建筑应该有能使公共空间延续的基座：基座必须能使公共空间从道路、地面以及日常生活空间中分离出来。由此，公共空间就像是悬浮于树林间和天空中一样，成为进入音乐和戏剧世界的第一步。

观众厅从基座面显露如同树木破土而出。无论从功能上还是技术上，观众厅都应与基座紧密相连。所有的演出准备工作都在基座内完成。

每一个观众厅都被深深褶痕的实墙围护着，以防止对外界噪声干扰。每一道墙都有不同的色彩，也有不同的纹理。因此观众厅不仅有体量和位置上的差异，还有其各自的性格特征。

悬出屋顶罩于整座建筑之上，并与落地的曲面玻璃相连；屋架结构采用由正交钢结构桁架组成的空间结构体系。平面由五片"叶瓣"组成，整个屋顶同下部结构一样分成五个主要部分（交响乐厅、剧场、主入口、展厅），各单元间设置200mm宽的防震缝，以满足声学、温度变形缝及抗震要求。屋顶使建筑连续而统一。从内部看，它构成了内部立面，以及具有十分重要性质的公共空间的吊顶底部。它是整个建筑的保护外壳，并提供必要的机械性，隔热性和隔声性。

曲面玻璃墙连结着屋顶与基座。连接玻璃立面与石墙的拉杆赋予高耸的休息廊以勃勃的生机，这将成为东方艺术中心的主要特色之一。

为了让立面能获得通透感，让立面的结构系统显得轻盈，设计使用一种轻质椭圆钢构件（垂直杆件和水平杆件）格架作为立面的主要结构。在观众厅的混凝土墙和立面之间加上了必要的支杆，作出立面格架的稳定构件。

中组部办公楼

设计单位：华东建筑设计研究院有限公司

主要设计人：汪孝安、项明、凌吉、周建龙、常耘、茅颐华、毛信伟、蔡增宜、蒋小易、刘毅、邱永尚、王越黎、曹菲、周泉

中组部办公楼新址坐落于北京西长安街，基地面积11000m²，总建筑面积40650m²，地上8层，地下2层，屋顶檐口高度40m，屋脊高度45.5m。

本工程以"与北京市整体规划相称，与中组部机关相称，将民族风格与现代风格相结合，庄重、实用、不豪华"的精神作为建筑设计的原则。力求使建筑体量上与其周边建筑相称，过渡自然；在建筑立面处理上汲取中组部老办公楼的文脉，体现传统的神韵，注重表现简洁明快的时代风格。

大楼呈板式布置，在总体上围合成三合院式的布局，由北侧主楼、东西配楼及主楼南北门楼所组成，南侧门楼上部布置报告厅，而下部形成一个宏伟的门廊并与主入口大厅相连，强化了中轴线主导地位。此U字形布局在空间上形成了一个较为明快通透的南向内院，内院中部大草坪为办公楼绿化环境的主体，大草坪中部设立国旗旗杆及其基座。大楼周边绿化带、与地下职工餐厅相连的两个下沉式庭院以及南门楼顶部的屋顶花园同主体绿化一起组成立体的绿化空间，营造出宜人的办公环境。在使用功能上以小型办公室为主，室内空间设计较深入地考虑了垂直、水平交通及卫生间等功能用房的使用便利，走道空间富于变化，整个办公区自然光线充足，环境典雅。

本项目设计还包含了大楼的室内设计、总体环境设计及大楼智能化设计。大楼室内设计及总体环境设计与建筑设计一脉相承，均强调建筑空间与色彩的整体感，整个大楼的院落空间、公共空间、办公空间等均强调了室内外空间的渗透。总体环境设计涉及了每一个细小的硬质景观，使其融入整个建筑环境。而室内设计则避免繁琐的装饰，旨在进一步强化这种空间的关系。

大楼的智能化设计是本项目的一个重点，其先进性不但体现在楼宇管理智能化、通信智能化、办公智能化等各相关的设计中，且建筑专业结合室内设计也提出了不少提升智能化功能的需求。

建筑泛光照明的设计同样遵循注重传统、注重时代特色的原则，采用外部泛光与内透光相结合的处理手法，并结合外墙壁灯，形成了一组富于变化的建筑艺术灯光系统。使办公楼融入长安街和谐的城市街景之中。

中芯国际集成电路制造(上海)有限公司工程设计

设计单位：中船第九设计研究院（荷兰克里斯多工程有限公司（上海）、台湾潘冀建筑师事务所合作设计）

主要设计人：巩玉琨、李铭、瞿革、高小平、朱伟民、李怀宁、周宏、王天龙

项目位于张江路18号，是目前我国最大的境外独资芯片制造厂商之一。生产8英寸的芯片。2000年8月开始设计，2001年9月建成投产。

本项目**总体设计**为目前世界上先进芯片行业惯用的布置手法，围绕办公支援厂房，成组布置洁净厂房，组团间合用一个人员和货物洁净入口，从而节省洁净成本，达到分区明确，布局合理，人货分流的目的。为了防止公用动力设备的振动和电磁波对芯片生产的影响，将动力设施相对独立地布置在远离生产车间的地方，通过管桥的相连，为生产车间提供生产介质。

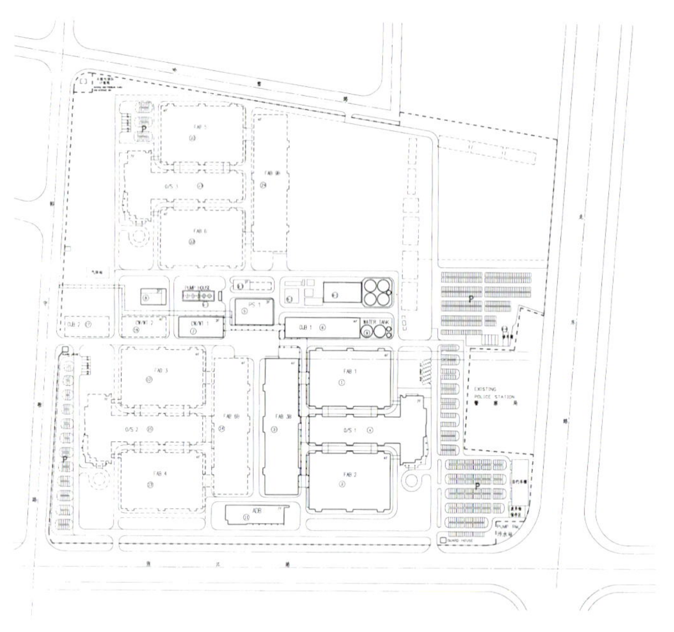

在**结构设计**方面，按照合适的沉降分析影响范围和经验系数的取值，以工艺要求、荷载、场地的工程地质资料选择合适的桩基持力层。设计通过桩基基础形式的选择，上部结构柱网的选择，设置抗振缝，选择合适的隔振措施，控制建筑物的自振频率，并通过控制结构的刚度和位移来实现抗微振设计要求。

暖通设计中本工程长度超过20m的内走道和大面积的生产车间均设有机械排烟系统，排烟量为500x120=600000m³／h。

在电气设计时建议业主采用35kV级电源，从而大大地缩短了整个供电系统的建设周期，并节约了投资。

弱电设计采用新一代的早期烟雾报警系统。

水灭火系统采用稳高压灭火系统。目前该系统在国外的大型电子厂房设计中已有应用，但在我国的消防设计规范中尚无此系统。经消防部门的批准，该系统被我国此类项目设计中首次应用。

宁波大剧院

设计单位：华东建筑设计研究院有限公司（法国何斐德设计公司合作设计）

主要设计人：丁琪燕、孙峻、刘晴云、陈春晖、马信国、邵颋、徐亚明、徐珣、虞晴芳

大剧院基地位于宁波市江北湾头，余姚江、甬江及大江汇合处，基地三面环水，水面开阔，自然风景优美。

本项目的总体规划构思，将文化与港口商业的两个不同的特征在此剧院建筑中融合为一，成为宁波一个有代表性、有特色的建筑。

大剧院基本功能要求较一般纯剧院复杂。有1500人的大剧场，800人的多功能剧场，还有大型宴会厅，文化展廊文化商业中心等，其功能是艺术与商机相结合，不仅为艺术创造了一个殿堂，还为宁波现代化城市提供了一个商业活动与艺术相结合的场所，希望达到以商养文的目的。

大剧院位于基地最开阔的临水北侧，使沿江的水景引进剧院建筑中，将水与建筑融为一体。设计将商业空间临水，文化艺术空间面向城市。整个建筑物形状与平面完全与基地之圆弧吻合，使建筑与基地成为一个整体。整体建筑之弧形犹如海中贝壳。中间休息厅与大厅的上空有如贝壳中空的旋涡，而1500座的大剧场犹如贝壳中的一颗明珠，在夜间将透过玻璃顶，玻璃的墙面，透射出灿烂的光彩。大宴会厅，观众休息厅、办公、会议由东至西，由北往南，如扇排开，其屋顶的处理如同蝴蝶的翅膀，一层一层地落在建筑主体上，使整个建筑造型自然生动，夜间的剧院将透过玻璃的灯光，反射倒影在水面上，组成一幅有诗意的画面，建成后的剧院无论在白天还是夜间都将成为宁波市三江口上的一个标志。

在基地的西侧，设计了一个大型的公共文化广场，由南向北，将城市的延伸带进基地。同时成为大剧院的主要入口广场。在此文化广场上有音乐喷泉，有开阔的露天展览与演出场地，有室外艺术活动空间，有水景延伸至气派的大剧院大平台入口。大系广场上可有群众结合做户外艺术活动，达到剧院广场群众性的要求。沿着江边，由西向北形成一个滨江公园，在大剧院沿江一侧的建筑物脚下，布置了景观平台与室外剧场，将城市的活动带到了水边，使城市与水互相结合，形成另一种环境。

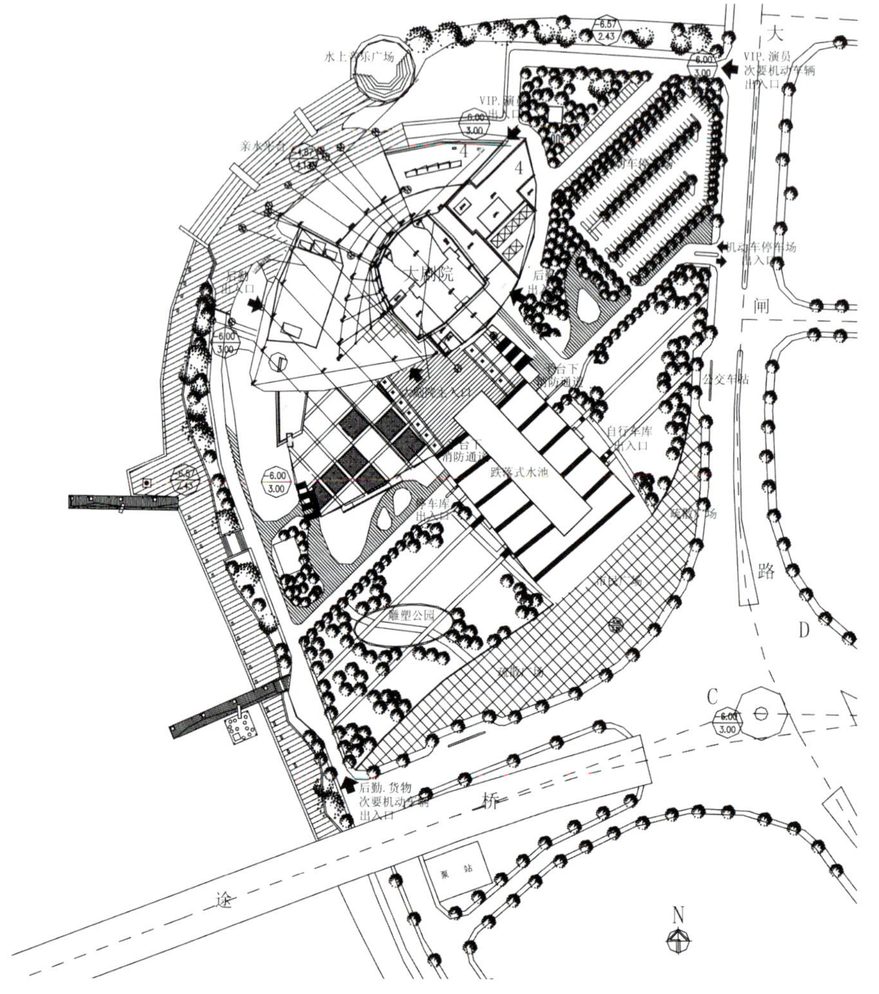

中国浦东干部学院

设计单位：华东建筑设计研究院有限公司（法国安东尼·贝叙事务所合作设计）

主要设计人：黄蓓、方超、陈伟煜、陈春晖、马信国、邵颋、徐亚明、虞晴芳、徐珣

本项目地处上海浦东地区，北靠龙阳路，西临锦绣路，东接沪南公路，南面是规划中的文化公园，总占地面积500亩，总建筑面积11万m^2。

主体建筑物的出入口设在“室外环路”上。人行道则与“室内环路”相连。人行道、自行车道的设计同时营造了自然、生态的文化氛围。在整个红色大屋顶下的建筑组群以其统一的形式组成，包容了学院的主体功能。并均以其自然的形式巧妙地结合地形布置。而场地中央的人工湖上则坐落着VIP会所。

约4200m^2的餐厅具有可供应校内约2000名学员及教职员工就餐的能力，一层及二层的食堂具有通透的观感，大面积的玻璃幕墙设计，给人以明亮的就餐环境，三层为清真餐厅和西餐厅。

约10000m^2的会议中心包括了大、中、小型三个报告厅。可容纳1200人的大报告厅，具有会议及小型文艺演出的功能。500人的报告厅则是定位于可供宴请、会务的多功能厅。最小的200人报告厅也兼具了会议、讲座以及对外交流的功能形式。净空间达15m高、总面积约1000m^2的门厅为这一单体建筑的亮点。

拥有二个100人的阶梯教室，三个180m^2的多功能教室以及约60多个大教室和研讨室的教学中心，总建筑面积约5700m^2，作为一个学校的核心。其内部的所有教室都兼具有多媒体教学、情景模拟式教学、远程教学以及演播等以现代高新技术所依托的教学形式。

作为学校的行政管理中心，从形式上、功能上显现出其重要地位。总建筑高度约70m的行政楼是整个校园的至高点，全玻璃幕墙的外形以及不规则的平面形态，让人深深地感受到她的求变创新，开发开放的特性，在不到7000m^2的建筑体内容纳了整个学院的行政功能。

约8500m^2的图书馆，拥有可容纳一万多册图书的书库，大型的电子阅览室、注册中心、主电脑控制机房等功能，作为知识的汇集中心，也是现代智能型建筑的核心，她将是整个校区的“大脑”。

约8800m^2的体育中心给在学院内外的人们提供了休闲、娱乐的室内场地。游泳池、篮球馆、乒乓馆、壁球馆、桌球室等体育健身的设施将成为学习后放松、健体的良好去处。

约4.5万m^2的8幢宿舍楼分别围绕在校区人工湖的北面积西面，外形风格统一的各幢宿舍楼，以其不同的体形，错落有秩地排列着，她们满足了教师、外籍学员、省部级学员和普通学员的住宿要求。

500亩的基地内，绿化和景观成为了校园的特征。结合南面的文化公园，景观同时组成了公园的结构和外表，它的组成和清晰给每个物体以适当的规模和恰当的位置，在它们之间形成了充满生机的联系，72%的绿化率使校园拥有着公园的结构特征。而无论是入口的广场，主建筑群周边600多m^2倒景池、将近2.5万m^2的人工湖以及湖上的亲水平台、步行桥、景观雕塑等都成为这个校园的景观特色。

设计中诸如活动框架式玻璃幕墙、斜玻璃幕墙、大跨度钢结构、钢结构滑动支座、钢结构摇摆柱、木饰面千思板、直立锁边金属屋面系统等，已经成熟的科技手段被运用到该项目中。

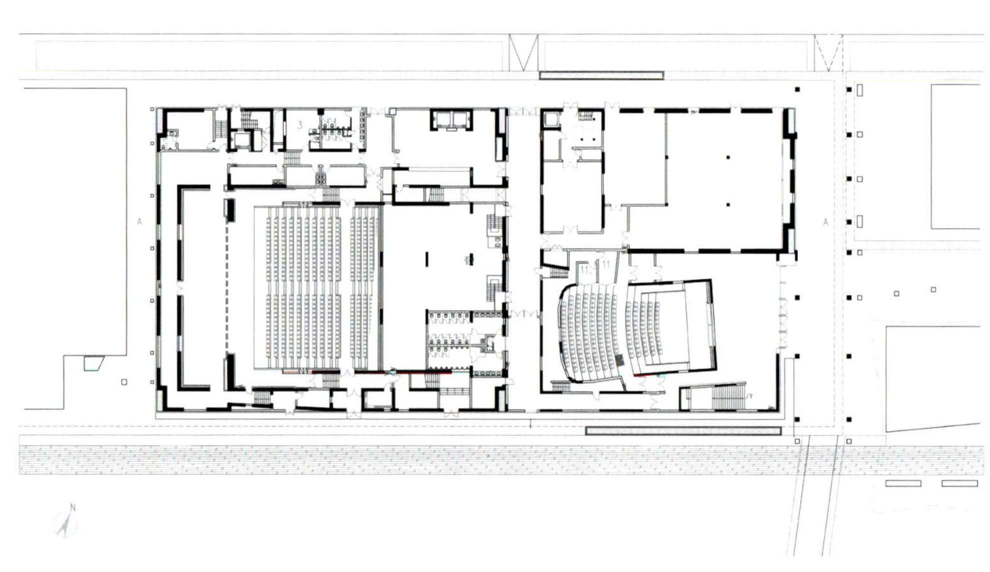

越南国家中央体育场

设计单位：上海建筑设计研究院有限公司（澳大利亚BVN设计事务所合作设计）

主要设计人：魏敦山、陈国亮、陈钢、林颖儒、徐晓明、脱宁、刘毅、陈志堂、钱克文、乐照林、魏懿

工程位于越南河内市郊区，是越南政府2003年12月举办第22届东南亚运动会的主会场。它是由一座容纳40000观众的主赛场和二个足球训练场组成，主赛场除了提供田径、足球运动比赛设施外还配置了影视观摩及健身中心。

建筑设计中，管理用房位于西看台一层的北端，近出入口，便于日常管理。后勤位于西看台一层区域与场内坡道联系。不同球队的足球运动员从西看台的南北两端分别进入各自的更衣室，再由西看台一层中央大厅进入场内比赛。田径运动员从西看台一层北端进入更衣室，并由体育场西北出入口进入赛场，由100m终点处的西南出入口离开赛场。反兴奋剂用房和医务室均设在西看台一层南端，救护车可停在门口。实况广播车，制作和传播车停在西看台一层的南端。设有250个座位的贵宾看台和50个座位的主席看台。位于西看台三层中央，官员可以通过看台后面的休息大厅直接进入上述看台观看比赛。官员通过电梯和专用通道可进入赛场。经济合伙人租用包厢和特别休息厅，设置20间12个座位的包厢和2间30个座位的包厢，同时设置700个看台座位作为"商务座位"，这些座位均设在主席台两侧。包厢内设有厕所间，商务座位与两个休息厅相连，并配备足够的厕所间。公共设施和服务：普通观众分六个观众休息厅。残疾人看台设在一层观众席上。看台最大坡度31°。看台的最前排与赛场由2m宽防暴沟隔开，安保控制室设在西看台四层，可以看到整个赛场，同时还设有消防控制中心等安全系统。

体育场**结构设计**屋盖是2个平面呈扇形，由径向悬挑梁加环向桁架组成的扇状双曲钢管空间结构，该屋盖支承在4个灯柱及外圈柱上，并采用高强度钢索张拉成型。

桁架节点均采用大直径钢管空间相贯节点，这些节点的采用是我国的试验研究成果，体现了我国的先进水平，而且也是国际上20世纪90年代重点研究的课题。

本设计还进行了1：400的整体场地刚性整体模型风洞试验，采用大型流体力学软件进行了计算风工程研究和抗风分析，为设计提供了合理正确的风荷载。6个1：1钢管空间相贯焊接节点实样荷载试验和1：3鼓形节点试验验证了设计的安全。

主体结构为钢筋混凝土结构及桩基础。

体育场的电气设计为东西两侧分设2座变电所，每座变电所的2台变压器由两路电源分别供给，2台变压器分别运行。

本工程具有完备、先进的弱电系统。

给排水设计为结合越南河内市政供水条件，主赛场生活给水系统采用水池，提升水泵，屋顶高位水箱联合供水方式。

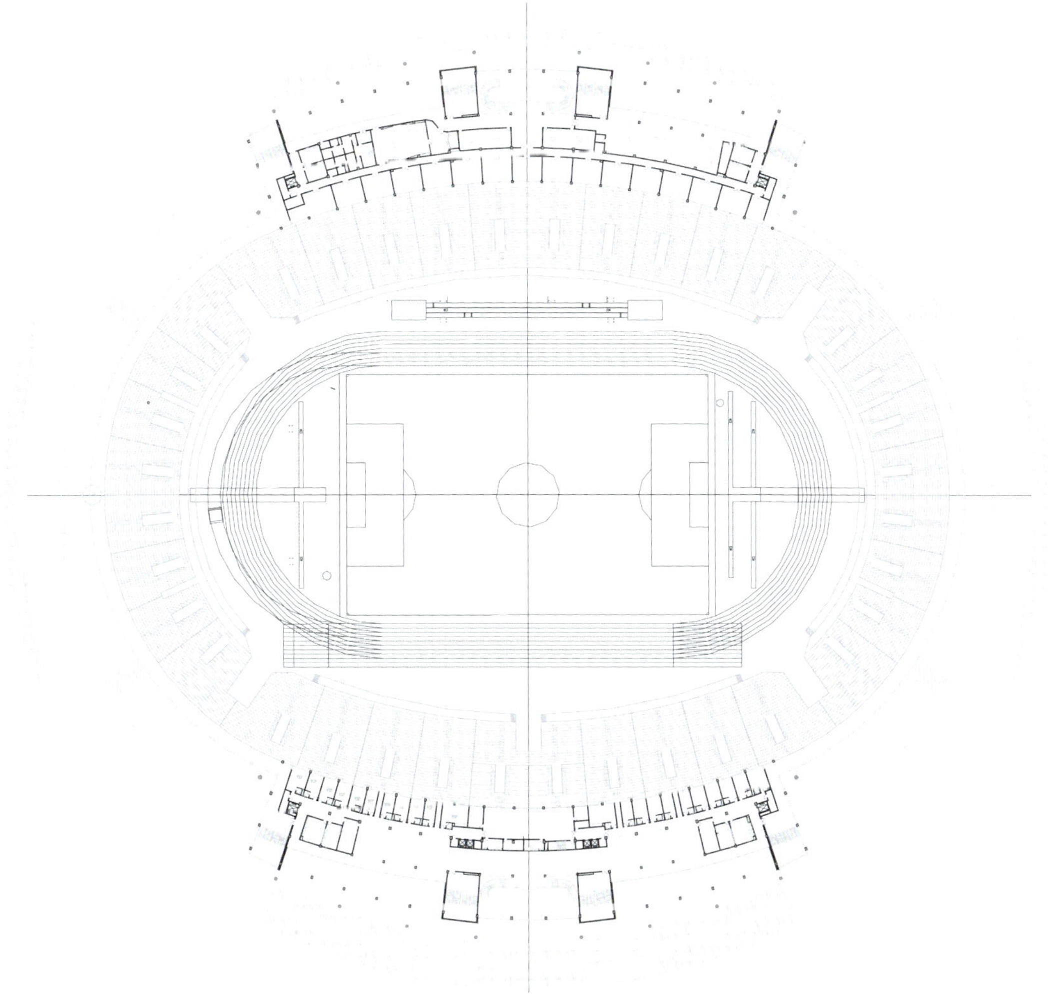

上海市高级人民法院

设计单位：华东建筑设计研究院有限公司

主要设计人：方健、魏建芳、任兵、江蓓、王雷、张雁、瞿二澜、柯宗文、邹正瑜、王浩、王珏

本项目设计充分考虑法院建筑特点，体现当代法院为人民服务的思想，形态庄重、大方，功能实用，用新颖、现代的造型语言，表达了对现代法院民主性、社会性的理解。面向肇嘉浜路的主楼立面呈开放的弧形，中间是通透的玻璃体中庭，两侧用活动百叶组成它流畅舒展的横线条，保持了肇嘉浜路沿街建筑界面的连续性、完整性，内凹的界面空间与前面的市民广场加强了建筑与城市的对话。

沿肇嘉浜路为基地主入口，主要是参加开庭人员出入，沿肇嘉浜路及襄阳南路各有一车行出入口，襄阳南路主要是信访、立案人员、内部办公、后勤和车库出入口，基地总平面内布置环通消防车道，主楼扑救登高面主要设在肇嘉浜路一侧长边，沿登高面设4个8m×15m消防登高场地，双车道7m，单车道4m，基地内通过常绿的灌木、乔木和植被，结合雕塑布置，形成优美的环境。

在建筑平面布置上，根据法院的功能特点，分区明确，流线合理，地下室根据空间高度和比较经济的建筑埋深要求布置了可停车162辆的大型机械式立体停车库和设备用房，地上部分从标高3.00m地面层至三层主要功能为信访，立案和审判法庭，四至七层为法院内部办公，裙房的下面两层为后勤辅助区，审判法庭区共有小法庭18个，中法庭4个，大法庭1个，分民事和刑事法庭，设计中充分考虑了它合理的交通和良好的疏散，立案、信访和法警、法医办公区相对独立，有各自单独的出入口，但各个区域内部工作人员联络方便、快捷，利于特殊事件的处理。

主楼的地下分两个防火分区，地面层为一个防火分区，裙房及每层设有防火分区。主楼设6个消防楼梯，裙房设2个，各通道上因功能需要而设置的门禁系统，在遇火灾时全部自动打开。

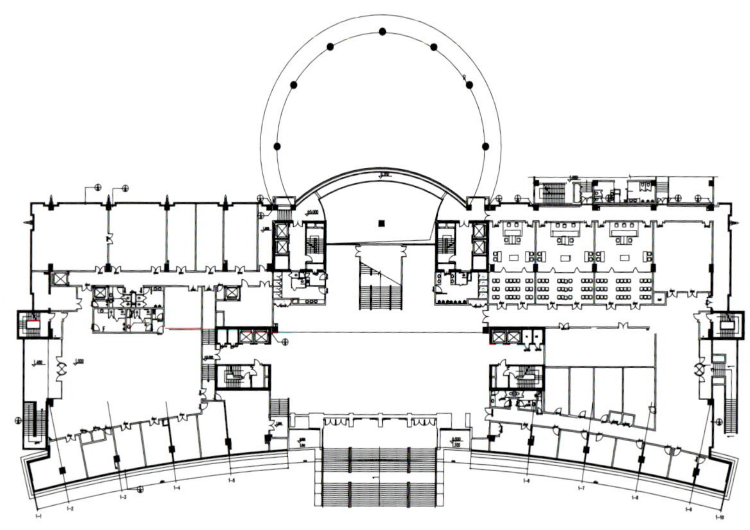

中国银联上海信息处理中心

设计单位：同济大学建筑设计研究院

主要设计人：曾群、文小琴、王英、王忠平、李维祥、刘毅、包顺强、金炜、蔡玲妹

本工程的基地南临上海浦东龙东大道、西临顾唐路，建筑位于基地的东北侧，2002年12月设计，2004年6月竣工。用地面积为20984m²，建筑面积为15026m²。

本工程总体设计将整个项目分为办公区、生产区和动力区三个部分。三部分建筑相对独立，其间通过连廊沟通彼此。

根据基地的自然特征，建筑外部空间形成两个方向的轴线。建筑的三个部分相互穿插，自由布局，形成一系列休憩内庭院。不同的空间具有不同的气氛，处处渗透中国古代江南造园的智慧，理性与感性的交织，科技与自然的结合。

建筑单体设计中，立面造型以最基本的几何形式——方形交互穿插组合，表达建筑所应具有的简约性特征；通过办公区玻璃材质立面设计与周围体块虚实关系的对比，充分体现建筑自身的使用功能，同时使建筑各组成部分之间的关系更为清晰。

建筑的外墙以金属（白色瓦楞铝板及银色铝板）及玻璃为主，主要源于中国银联的金融与IT结合的企业特征与这两大类材料的本质特征非常吻合——理性、可靠、现代、高科技。局部使用石头、木材等材料作为调和，强调稳固特征，并使建筑更为人性化。在建设过程中，使用了红色的石材与深灰色的斜挂铝板相对比，效果更加独特。

本工程为一幢2～4层楼的建筑物，无地下室。结构设计采用44m长Ø500预应力管桩地基，持力层为⑤－2层，独立桩承台加连梁基础，上部采用现浇钢筋混凝土框架结构。结构的设计使用年限生产区为100年、其他为50年。防爆隔墙采取了特殊措施，

使其既起到防爆作用，又在地震发生时不影响结构刚度。

给水系统由市政管网→贮水池→变频水泵→各用水点组合。

消防系统除设置常规的消火栓和自动喷淋灭火系统外，为保护计算机设备及数据资料的安全，计算机房区域采用FM200气体灭火系统。

本项目由二路10kV同时供电。共设4台主变，总装机容量为7200kVA。设有2台2100kVA自备柴油发电机组，并机使用，互为备用；设有两组UPS系统。

复旦大学附属中山医院门急诊医疗综合楼

设计单位：华东建筑设计研究院有限公司（法国思构国际设计公司合作设计）

主要设计人：张鹭、项玉珍、王丹芗、陆燕、徐扬、邵民杰、王宇红、王宜纬、吴文芳

本项目位于上海市中心区域，周围有着林荫道、历史保护建筑等中心城区的风貌，在这样一个地段建设医院建筑除了必须解决好内部功能以外，对城市风貌的协调也成为必须认真对待的一个方面。

中山医院门急诊医疗综合楼由几个不同高度的建筑体组成，分别为：A楼（22层），以特需病房功能为主；B楼（15层），以门急诊功能为主；C楼（4～8层），以门急诊、医技功能为主；门诊大厅（1层）。为减轻对周围不宽的城市道路的压迫感，设计将南面与医院原建筑之间形成一个较开阔的广场，并以一个立方体形拱门及连廊与医院历史建筑联系并形成新老对话；北侧、东侧以圆弧面形成城市活动空间，本建筑对城市道路退让形成良好的急诊入口室外环境。A、B、C楼在建筑表面处理上分别使用了浅色毛面石材，韵律感的方格阳台，玻璃，深色磨光石材等，使建筑体量在不同材料的对比中分化，从而弱化了对整幢建筑物的庞大与沉重感。尤其是靠近枫林路、医学院路口的B楼以透明玻璃为主更减少了对城市道路的压迫，体现现代医院的轻灵与亲切。

门诊大厅形态丰富活泼，完全有别于以往医院中规矩的门厅形象。大厅与病房楼之间的室外庭院景观通过透明玻璃引入门诊大厅。玻璃包裹着明亮的大厅是室外与内部功能之间的过渡，也是一个供所有病人共享与自然亲密对话的空间。

功能区域划分为医疗流程、医患分流、洁污分流——内部功能设计的主旋律。

门诊医技部分，平面功能布置在建筑形体与医疗流程之间找到了契合点，以弧形走道为主干串联功能。

特需病房部分，护理单元平面形态以L形平面解

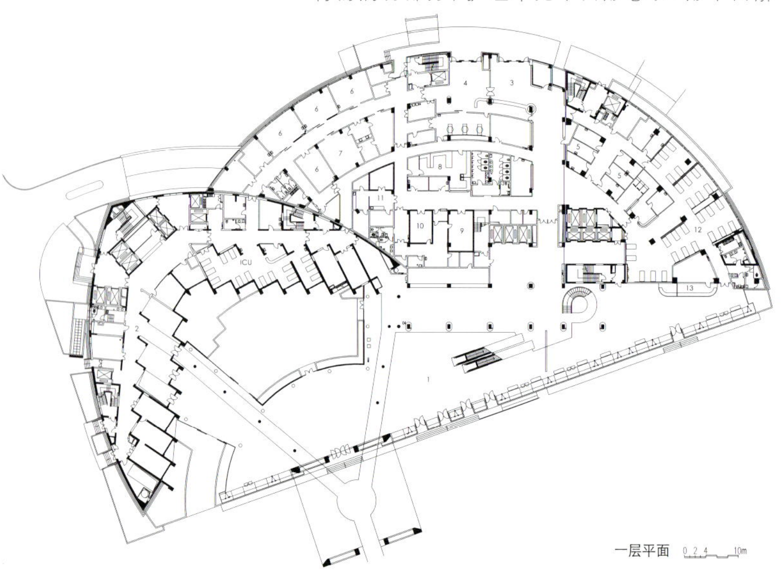

一层平面 0 2 4 10m

1. 门诊大厅
2. 住院部门厅
3. 急诊门厅
4. 急救门厅
5. 急救诊室
6. 抢救室
7. 急救手术
8. 急诊化验
9. CT
10. X光
11. 石膏室
12. 急诊观察
13. 入院登记

决了病房的朝向问题，斜置的病房形成了病房门前与阳台适宜的逗留空间。

护理单元的设计引入功能区域划分理念，整个护理单元可分为病房区、医生办公区、护士工作区、护士办公区等，做到病人有好的医疗环境，医生、护士有好的工作环境，体现医患分流的特点。

明天广场

设计单位：上海建筑设计研究院有限公司（美国波特曼国际设计有限公司合作设计）

主要设计人：孟清芳、陈侠、余梦麟、包佐、杨镜玲、关福森、秦志宇、姚军、姜怡如

本工程位于上海南京西路、黄陂北路交叉口，基地总面积11664m²，总建筑面积127400m²，建筑总高度283m，层数地下3层，地上58层，裙房一～六层为商业用房，其中一层为公寓，酒店及裙房入口大堂；二层～三层为商场，四层为风味餐厅，五层为会议中心及宴会厅，六层为健康设施。主楼七～三十五层为酒店式公寓共224套，三十七层为酒店大堂，四十～五十六层为超五星级酒店共342套，五十七～五十八层为总统套房。地下一层为机房，地下二层、三层为机房和车库，车位共365辆。

建筑设计 具有较明显的标志性，建筑造型挺拔，设计概念性强。特别是由于平面功能改变旋转了45°，使立面产生了几何形的变化，58层高塔玻璃幕墙从底层直通屋顶，四角的方尖锥塔和内嵌的不锈钢水塔圆球，使建筑更显简洁，完整和统一，创造出引人注目的建筑造型，为上海的天际线勾划出一道新的轮廓。

裙房是商业空间的核心，这个花岗石的建筑沿着场地以一道弧形横向包绕着塔楼，强调了南京路出入口的重要位置，内部带天窗的中庭和自动扶梯将各层的娱乐中心，会议中心和商业中心，健身俱乐部，屋顶游泳池等附属设施联系在一起，中庭层层出挑的挑廊使空间产生变化，顶部天窗的光影投射和底层的波浪流动的水景相映，组成一幅高品质的室内视觉空间。在立面设计中，幕墙的分格，线条的划分，比例尺度上以及顶部底部交接处的锐角处理中，无论在色彩上和分格上都比较完整。在内部空间上还解决较多疑难节点，中庭大堂设计中从天窗到层层挑廊以及裙房和主楼的交接过程中，都做到精心设计，达到理想要求。

由于平面旋转45°，中心筒体平面也相应旋转，从而引起建筑、结构、水、风、电管道都必须转换，设计难度较大，节点复杂，设计克服了以往超高层不常见的特殊困难。

结构设计 本工程由裙房和主楼二部分组成，裙房为6层，主楼由58层主体和高52m装饰性钢结构塔组成，总高度为282m。除钢塔外，工程为设计与施工紧密配合后全现浇钢筋混凝土结构。

主楼和裙房均设三层地下室，整个工程采用逆作法施工，主楼顺作裙房逆作，裙房基础底板厚1500mm，采用直径700mm的钻孔灌注桩，主楼基础底板厚3800mm，群桩，桩径850mm。主楼的最大沉降量为32mm，裙房的沉降量在20mm。上部结构采用钢筋混凝土框架剪力墙结构，由于主楼独特的体形，对风荷载的确定，尤其在33～37层体形变化处，无现成的体形系数可用。为此，采用刚性和气弹性二种模型，作了风洞试验。

江苏电网调度大楼

设计单位：华东建筑设计研究院有限公司（上海现代建筑设计（集团）有限公司合作设计）

主要设计人：王振雄、崔永祥、陈红、穆为、张伯伦、杨国荣、王雷、张晓波、吕宁、刘览、邹正瑜、江蓓

江苏电网中心用地位于南京市沿上海路140m，沿北京路72m，为了较好适应地形特征，从城市的总体环境出发，建筑主体沿南北纵向设置，即长边沿上海路一侧，短边沿北京西路一侧。这样布置可减小北京西路一侧的体量感，同时沿两条主干道方向均留有大面积绿化和广场，使得北京西路绿化长廊在此有一宽敞的绿化广场。东西向布置与周边的建筑间距更加有利，尤其减小了对西侧幼儿师范大楼的压迫感。建筑内部东向一侧的房间，近可看南大校园，远可眺望玄武湖和紫金山。

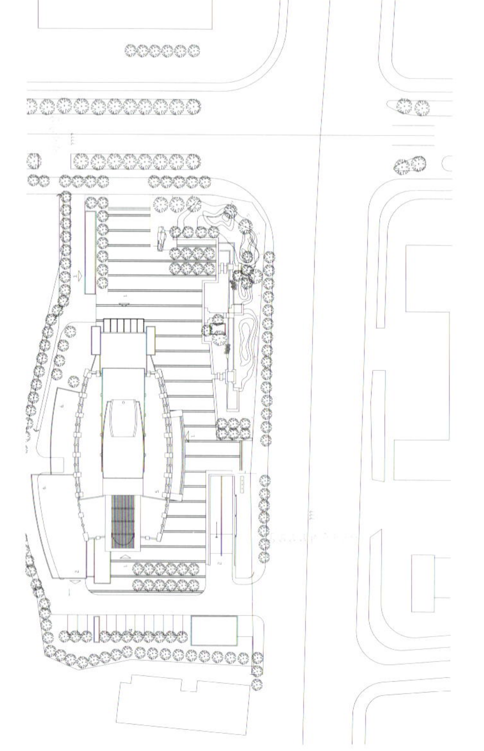

主体**建筑设计**选择腰鼓形平面。大楼标准层平面选择长边向外突出的弧面，短边为直线的"腰鼓"状平面，从视觉方面较好地利用弧形的视觉遮挡效果。竖向线条的立面分隔，使得每个角度所见到的立面都有比较完整的形象。主体建筑选择沿主要道路一侧直接落地，增加建筑的高耸感，裙房设于沿教委一侧，与教委办公建筑形成有机的过渡。

从立面处理上选择比较清晰的竖向线条处理立面体块，每个体块干净利落。立面以浅灰色石材竖向分隔与淡绿色玻璃相间交错。在上下层玻璃之间的窗间墙选择深绿色铝板，增加建筑的凝重感。在南北方向插入一玻璃体，加强了现代建筑的韵味。竖向线条在顶部用不锈钢收头，与天线共同形成上亮下灰的整体效果，在阳光下顶部闪闪发亮。同时也淡化了顶部体量感，整个建筑的立面处理与北京西路的内在文化气质相吻合。

调度中心分布在大楼29～43层，顶部的微波天线和调度大厅是调度的重要特征。微波天线在180～253m之间，主要负责微波发送和接收。根据工艺要求在几个方向均设天线。天线和调度大厅的设置较好地将功能与形式有机统一，共同组成大楼的完整形象。

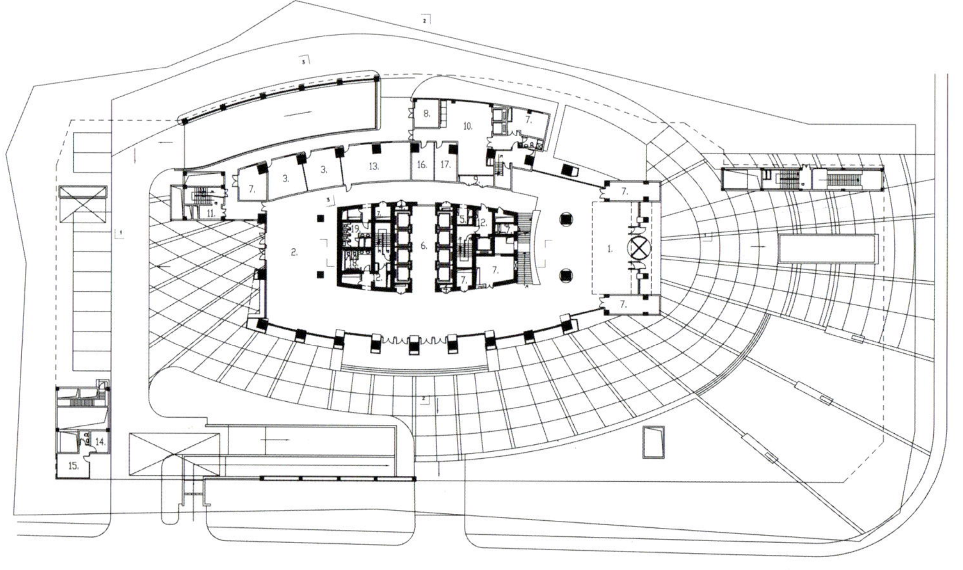

1. 大厅
2. 休息大厅
3. 办公
4. 工艺
5. 贮藏室
6. 电梯间
7. 设备机房
8. 煤气表房
9. 配电间
10. 厨房粗加工
11. 前室
12. 消防前室
13. 安保、BA消防控制
14. 值班
15. 门卫
16. 男更衣
17. 女更衣
18. 男卫生间
19. 女卫生间

底层平面图

让
自行车先行
市公安局交管局

秦皇岛体育场

设计单位：同济大学建筑设计研究院

主要设计人：车学娅、刘红、包健薇、苏旭霖、陆平、俞国凤、钱必华、杨民、葛建忠

工程位于秦皇岛市区西南的海港区，北临河北大街，西邻文昌路，南侧为文生街。秦皇岛市体育场是秦皇岛市奥体中心的主要建筑之一，是第一个开工建设、第一个竣工的2008年奥运会场馆。工程用地面积168794m²，总建筑面积41828.64m²；体育场拥有3.5万观众席，场内设有36.5m半径的400m环形跑道标准田径场，跑道内设有68m×105m的天然草皮足球场。

受地形条件限制，为满足运动场长轴方向正南北向的比赛要求，体育场四周道路与周围城市道路成45°布置，利用椭圆形的体育场平面巧妙地将由河北大街引入的道路向两边发散至相邻的文昌路，又汇总至河北大街相隔体育中心的对面道路文生街；从而形成了河北大街为体育场人流的主要入口，驾车族则由布置有停车场的文生街入口入场，以达到人车分流的目的。

体育场看台采用绕田径场一周的椭圆型平面形式，观众席内圈椭圆与外圈椭圆中心线东西相距15m，以使视距质量较好的西看台可容纳更多的观众。分设东、南、西、北四个看台区，并利用看台下部空间分层布置各功能用房。

看台设有66个无障碍席位，大小包房30间，西看台为双层看台，最大限度地争取了视觉优质区内的观众数量。观众席的最大视线俯视角为26°，座位台阶高度均控制在485mm以下，使观众视线不受遮挡，又可保证观众入场和疏散的安全。

"人文奥运、绿色奥运、科技奥运"的设计理念始终贯穿于设计，建筑造型力求简洁、明快。整个体育场的屋顶采用混凝土柱上立钢柱与悬索钢桁架的组合结构上覆膜材，轻巧的悬索钢桁架，马鞍形天际轮廓线，乳白色的屋盖覆膜，体育场在白天似一张白帆升起在海面上；夜晚，在泛光照明的照射下，像一

个闪烁光芒的巨大扇贝静卧在海边，展示海边建筑的地方特色。

看台基础采用柱下人工挖孔桩+独立承台实测，柱间沉降差控制在3～5mm以内，中间看台采用现浇混凝土框架，为避免结构过长而产生的混凝土收缩应力，设置了四道变形缝，在看台板配筋时增加抗温度应力所需钢筋及相应构造措施，经历一冬一夏实际考验，现场看台面层无收缩裂缝。体育场屋盖采用索膜钢桁架结构体系，24根圆形大柱撑起整个屋盖，形成24榀类似桅杆的桁架，最大悬挑长度约42m，通过外环、内环、中间环，整个膜篷屋盖与钢桁架浑然一体，形成合理的空间受力体系。

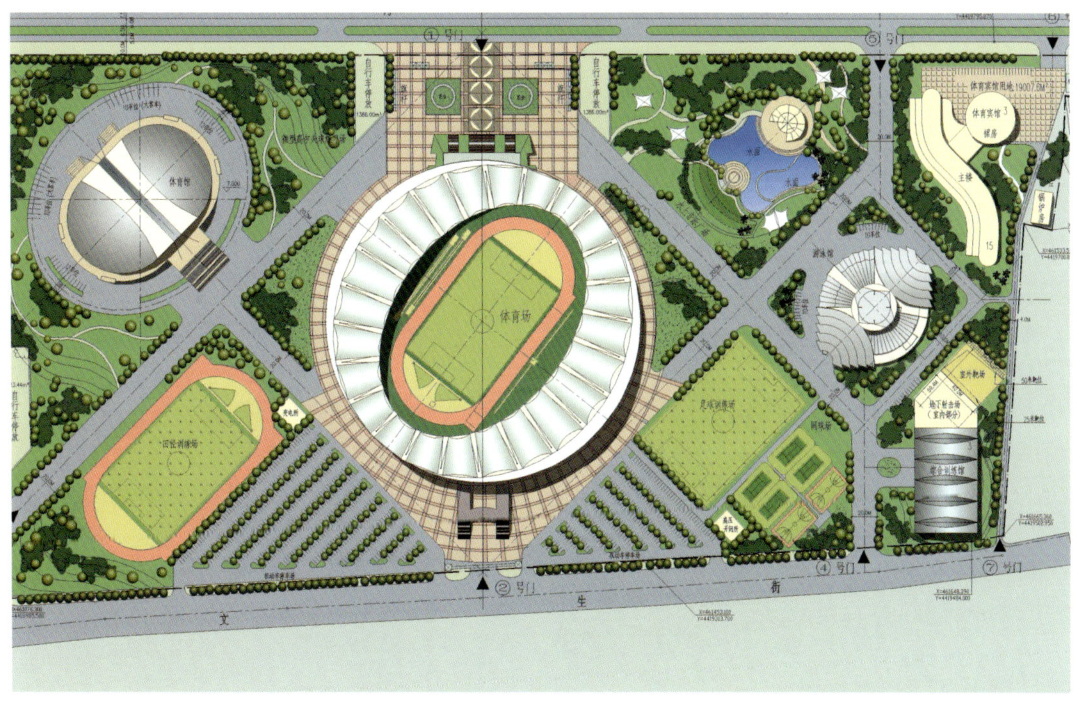

上海市公共卫生中心

设计单位：上海建筑设计研究院有限公司

主要设计人：吴炜、胡世勇、周杰、倪正颖、林颖儒、朱建荣、汤福南、徐雪芳、钱克文、陆振华、刘昇平、王瑾、张伟程、张静波

本项目是一所集传染性和感染性疾病预防、治疗和研究为一体的专门医疗机构，地处上海市金山区山阳镇。基地占地面积约为33万m^2，建筑面积约为8.9万m^2，固定病床数为500床，预留临时应急病床数为600床。是一所规模大和设备齐全的对紧急预案发生的医疗科研机构。

建筑设计 本项目在建筑平面和空间组合时，门急诊楼等处作重点处理，整个建筑形体和空间富有变化。

医院功能分区明确、主要出入口识别方便，清洁区，限制区，隔离区，以及公共走道，医务人员及住院病人的走道流线顺畅。洁物供应，食品供应和污物运输严格分区和分道。在建筑布局上采用模块化，总体布局为未来发展留有充分的余地，以90床左右为一个病栋，以250床为一个病区组团，可适应可分可合，收治不同种类传染病的要求。医院大部分的病房设计有尽可能多的日照和自然通风，增强小环境空气和病房的通风采光，并将医院有机地融合在整个基地的花园式的自然绿化环境中。

结构设计 本工程为多子项工程。结合本项目建设速度快，单体形式复杂，使用功能要求严格控制结构裂缝及对均匀沉降的要求，结构采用1～3框架结构体系：基础采用条形基础、筏基础、桩基，采用250mm方桩，桩长18～20m，此医院分别为乙、丙类建筑，框架剪力墙抗震等级为二或三级。

给排水设计 本项目室内外污废水排水方式采用重力流，经二级生化处理和消毒后的污水纳入市政污水管道，其污泥经消毒和脱水后就地进行焚烧。

针对传染病医疗机构在给水排水输送过程中产生的二次污染源，采取了给水防回流污染措施；排水防渗防溢污染措施；排水系统通气管的防大气污染措施；给排水设备和构筑物设置部位防污染措施。

电气设计 为二路独立的10kV电源供电，1000kW柴油发电机组及局部分散的EPS、UPS作为第三电源。

本项目设置了功能完善的弱电系统，包括：消防报警和联动控制系统、安保系统、有线电视系统、公共广播系统、病人探视系统。并拥有医院管理信息系统，远程医疗诊断等系统的网络条件，可采用有线移动式远程医疗诊断车或固定式远程医疗诊断设备实现远程医疗会诊。

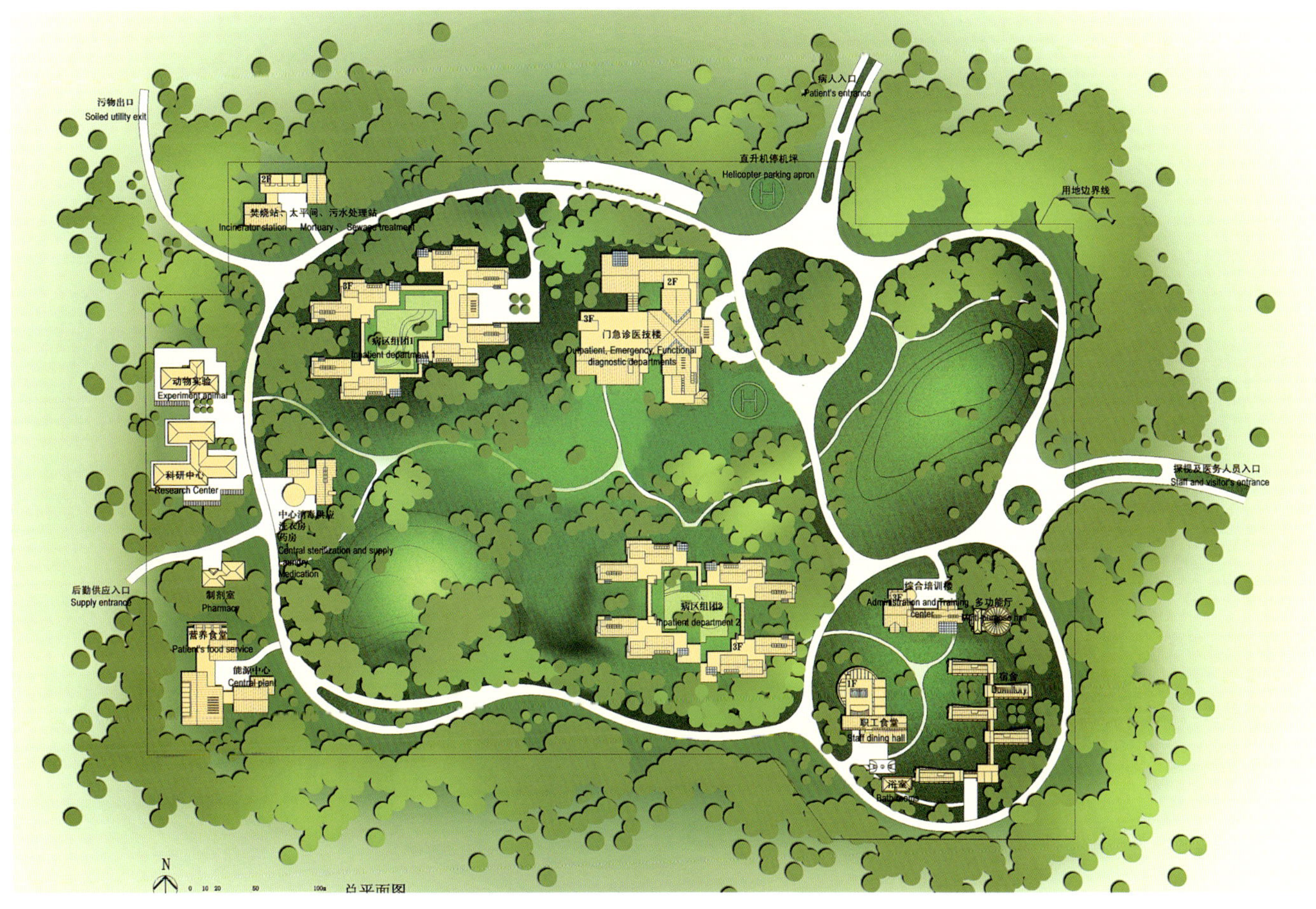

总平面图

绍兴大剧院

设计单位：上海建筑设计研究院有限公司（上海现代建筑设计（集团）有限公司、蔡镇钰建筑创作研究室合作设计）

主要设计人：蔡镇钰、居其宏、俞挺、杨永刚、曾莹、李亚明、杨军、赵俊、叶谋杰、胡戎、项晓春

本项目的设计标准为一等甲级剧场，以大型歌舞演出为主。观众厅设1400座；设有主舞台、侧舞台、后舞台；后台设大小化妆室、排练厅及多功能厅等。观众席视线和音响效果良好，舞台设施完善。2004年作为第七届全国艺术节闭幕式主干剧场。

绍兴大剧院是绍兴市城市广场的主体建筑。由于剧院体量较大、人流集中，总体景观和功能要求剧院前留有开阔空间来强化剧院的视觉形象。设计按照对基地周边道路及建筑现状的调研，合理安排人、车、货流，协调城市近远期发展规划。将剧院的南北中轴线略向东移，偏离广场中心线，减少动拆迁用房。剧院入口大平台下辟连接光明路的自行车及人行通道，保持城市交通通畅，保留路面下原有的管线，此举节约大量投资。

设计构思源于绍兴水乡独有的乌篷船。水脉和乌篷船，正是外部造型的灵动元素。静谧的水面托起坚实的基座，四个异形斜屋面出檐深远，层层相扣，覆盖了剧院的前厅、观众厅、舞台和后台，屋面下是晶莹的玻璃幕墙，整体造型简洁，醒目，具有动态。细部设计采用了既传统而又创新的工艺和手法：基座包覆鱼鳞板状花岗石挂板；北入口平台丹陛御道；入口两侧青铜浮雕；入口标饰四周缀有发光灯孔的石墙，前厅内四大名剧浅浮雕等富有中华特色与广场上的名人墙、古大善塔呼应，使建筑既有时代气息又传承古城文脉。

剧院内部空间布局紧凑，设备先进，能满足观、演、休息、排练等各种要求。利用大空间上部坡顶内三角空间安排多功能厅、排演厅、琴房、办公、设备管道及机房。突出生态理念，使用绿色建材和再生材料，采用节能节水的措施；座椅下夏送冬回静压箱内侧粘贴泡沫玻璃保温层；屋面采用聚氨脂保温夹芯铝合金板；外窗及幕墙采用中空玻璃，设置铝合金固定遮阳百叶；观众厅上部坡顶侧舞台与幕墙之间设置自然通气道，以改善室内空气，节约能源。

舞台设静音高稳定性全连传动升降台、薄型侧车台、行走式音响反射板、后舞台设转台。新技术新材料的运用，提高建筑的科技含量。

本项目主体支承结构采用钢筋混凝土框架－剪

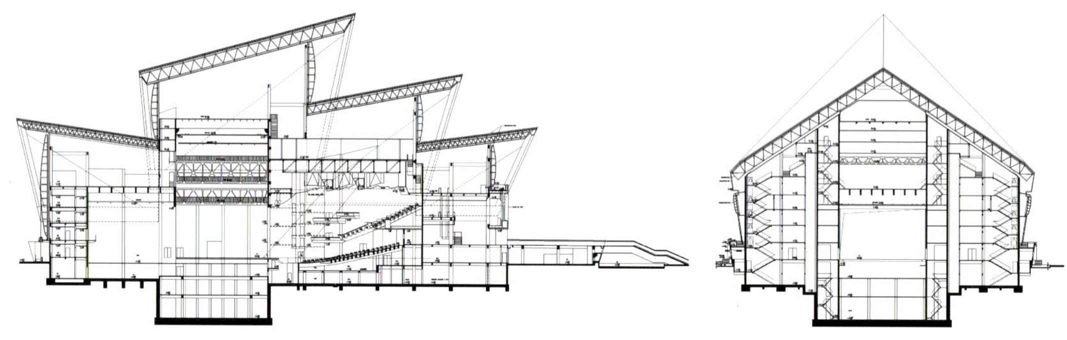

力墙结构；观众厅、前舞台、侧舞台及后舞台较为空旷，把其周围墙体做成混凝土墙，承担水平荷载，增强房屋的整体刚度及局部空旷处的刚度。大跨度楼盖、跳台、大梁、葡萄架、马道、天桥等采用钢结构，在标高8.50m处设一道箱形断面大钢梁简支于两端混凝土墙板牛腿上。其他挑台钢梁均作用于此大梁上。挑台上檐与混凝土墙板连接节点采用滑动铰形式以减小混凝土墙板的出平面应力。在大梁下端设置水平支撑，以确保大梁的侧向稳定。

折三角形屋面采用钢网架结构。支座采用固定铰分别支承在混凝土结构上。网架最大悬挑长度有10m。基础采用钻孔灌注嵌岩桩基。

百联友谊西郊购物中心

设计单位：上海现代建筑设计（集团）有限公司江欢成设计事务所（美国捷得国际建筑师事务所合作设计）

主要设计人：萧世荣、孙骅、魏俭、沈南生、王伟、徐荣、周光荣、何莹、彭建

从商业设计理念出发，本工程采用了哑铃状布局：即两头为大型主力店，中间依靠中小型零售业连接。一条露天的连接两端主力店同时也是直通建筑内院的步行街。贯穿广场，中庭，沟通室内外。充分体现生活功能和商业氛围的延伸，更体现室外商业价值。

总平面设计中，主要车行出入口设置在沿剑河路的南北两端，主要人流区域控制在仙霞西路一侧，达到人车分流，使仙霞西路有一个相对较为安静、完整的步行区，减少车流的干扰。

购物中心中央广场形成人流组织的中心环，位于建筑东南、西南、东北角三个人行入口及北部车流与城市道路自然连接起来，为人流组织生成了明确的导向标识性。

在基地西南转角处设计了宽大的步行台阶。2m高差的大台阶成为整个购物中心的标志性入口和节庆活动的宣传舞台，也解决了基地东西两侧入口的地面高差问题。

为了营造一个充满活力的社区中心，购物中心把一系列大小不同的建筑结合起来，配以丰富的公共开敞空间，广场，街道，露天茶座和园林景观设计。其核心部分是一个绿化中心广场。在这里可以举行各种活动。它被底层的零售店和上层的娱乐场所包围，餐厅，酒吧和层叠的露台为广场中的活动提供了丰富的观赏视角。

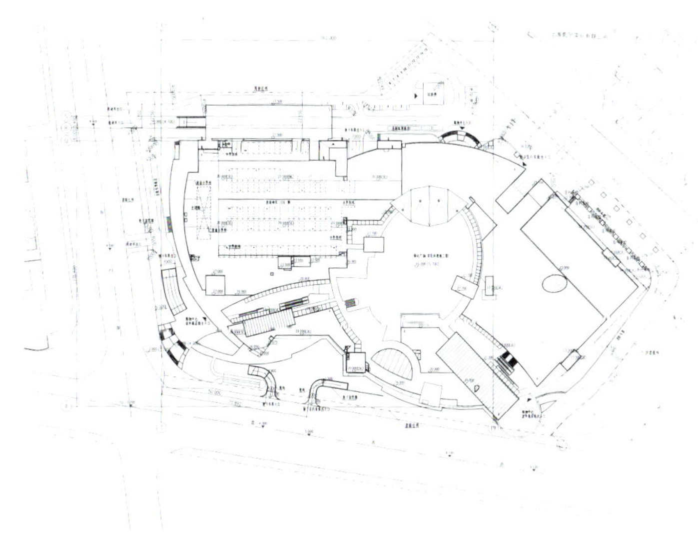

与室外商业街相交的是一条环形室内购物街，把人们引进购物中心的内部。这条四层的室内购物街包括三个垂直中庭，有电梯，电动扶梯和楼梯上下相连。在一定的时段，商业街向中心广场开敞，为中心广场提供观景和流线空间。穿越购物中心，环形商业街为商家提供更多的人流和展示空间。

在立面设计时，每个面都以主立面设计，强烈的色彩对比，不同材质之间的互相衬托，配合立面上的体量变化，使得整个建筑成为停留的汇聚点，整个建筑的用材不显张扬。

本工程**结构设计**采用框架结构体系，上部结构部分框架错位柱采用转换梁的方法转换，为了减小转换梁截面，转换梁采用型钢混凝土梁，最大截面约800mmx1000mm，转换梁与柱节点构造上加梁托以传递剪力。大空间的商场，百货采用了井格梁体系。

桩基采用预应力管桩，部分抗拔桩采用400mmx400mm预制方桩。

中福会国际和平妇幼保健院妇产科综合大楼

设计单位：上海建筑设计研究院有限公司

主要设计人：张行健、吴炜、吴凤仙、李剑峰、陆伟、施辛建、唐森骑、盛红英、陈尹

本工程是集门诊、急诊、医技、住院、后勤为一体的综合性医院建筑，基地地处徐家汇市级副中心，周边建筑拥挤，交通复杂，按日照分析又对建筑形态起了很大制约作用。

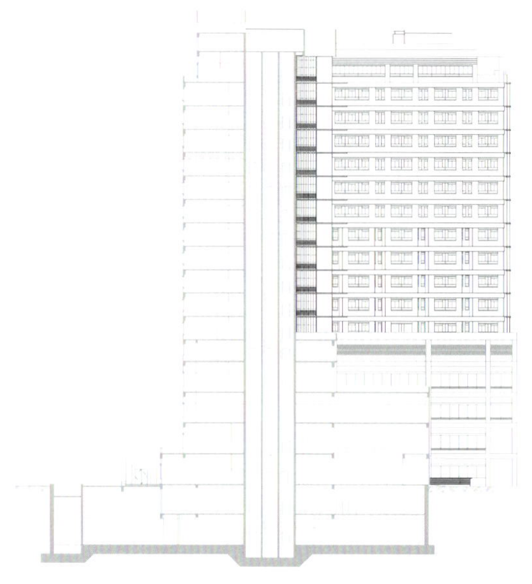

建筑设计规划功能分区，门诊、急诊、住院分设出入口，互不干扰，急诊在一层，门诊在一、二层，产房和手术在三、四层，医技部在B1层，四层以上为住院部，13～15层为中外合作医院。总体布局上将新建大楼与医院长远规划相结合，将新建大楼与保留的大楼组成一个有机的整体。同时在基地东南侧将待拆除旧门急诊楼地块作为医院预留用地。这一规划也确保了医院在新大楼建设过程中一直正常运转。门诊部分采用医患分流的双走道，单人诊室设计，保护病人的隐私权，避免交叉污染。在产房和手术部采用清污分流的双走廊设计。在住院部设计中将大多数病房布置在南向和西南向，有良好的朝向，并使每张病床都有自己的窗口，通过挂帘使多人病房的每个病人都有私密空间。在NICU设置专用的探视窗和专用哺乳室。在病房设计中将病人的私密性和环境质量放在首位。手术室设计中布置家属谈话等空间，使病人家属可以及时了解病情。在建筑空间与形式处理上，空间规划与功能组织紧密结合，建筑空间有收有放，丰富多彩。在建筑色彩和细部处理上，以近人的尺寸处理细部，选择柔和的色彩，使病人和产妇有良好就诊环境。

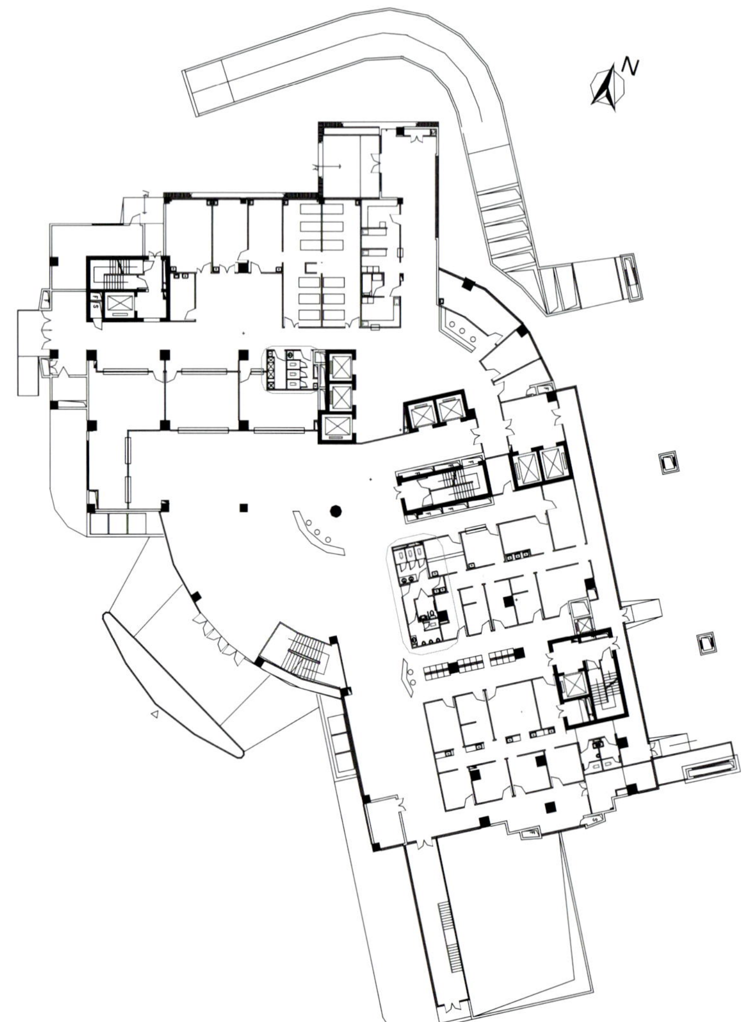

技术上，采用了物流系统（气送管）传送检验样本，化验单据，采用影像传输存贮系统(PACS)和医院管理系统(LIS)等等，努力建设数字化医院。

结构设计采用框架－剪力墙结构体系，桩筏基础，上部结构采用钢筋混凝土框架剪力墙体系，此医院为乙类建筑，根据规范采取提高一度的抗震要求进行设计，框架剪力墙抗震等级为一级。

暖通设计大楼地下一、二层医疗用房按需设置风机盘管加新风系统和全空气系统；一、二层诊室及大堂采用全空气系统；五至十六层病房采用风机盘管加新风6系统；三、四层手术部根据净化级别不同，分别设置不同风量的净化空调机组，新风经过三级过滤后送出，手术部分设小排风和总排风机（中效）排出室外。手术部采用四管制，其余用二管制。手术部采用蒸汽加湿。大楼分设二个中心冷源，地下室设二台电制冷机供大楼内非净化区域；屋顶设三台风冷热泵机组供应整个净化区域（三、四层及地下二层中心供应室）。热源选用二台4t/h蒸汽锅炉，供应整个大楼。

上海市公安局办公指挥大楼

设计单位：杭州市建筑设计研究院有限公司（上海新华建筑设计有限公司（地下人防）合作设计）

主要设计人：程泰宁、徐东平、周云丹、朱俊隆、王林玉、李光华、叶翠莲、李炜、刘永鑫

大楼位于上海市静安区，西临武宁南路，南靠武宁西路，总建筑面积78402m²，其中主楼66304m²，地上25层，高112m，地下1层；辅楼9029m²，地上5层，地下1层，独立地下车库2163m²。本项目于2001～2002年设计，2004年7月竣工。

由于基地周围已建起体形朝向不同的高层住宅多幢，环境空间较杂乱，因此本项目的**总体设计**将主楼采用高低层建筑相结合的布局，在高层周围留出足够空间，使周围空间得到疏解，主楼的塔楼高112.90m，自然形成控制全局的主体，从而使环境空间得到改善。辅楼则正好利用东南面靠武宁西路的零星用地，独立车库设在地下。

本工程的总体和平面布局，主楼采用南北楼与中楼相组合的集中式布局，中部塔楼高25层，主轴顶部设直升飞机停机坪，南北裙房4～6层。将公共性较强的部门，如餐厅、展示厅等布置在北楼，而将指挥中心及领导办公放在南楼。礼仪性入口设在中楼二楼靠武宁南路一边，利用中北楼之间的消防通

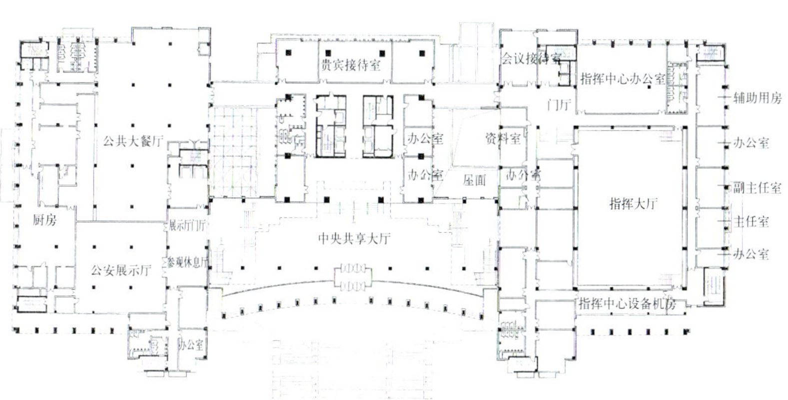

道布置日常的出入通道，其他后勤会议及局领导均设单独出入口，整个布局严谨而实用。总体设计上还考虑了足够的停车场地及方便的出入通道，结合环境，对绿化、雕塑、庭院等进行了细致完善的布置，构筑良好的工作环境。

本工程的**结构设计**，地基采用钻孔灌注桩，钢筋混凝土底板，地下室不设缝，上部结构沿塔楼两侧设缝，地下室长152m，不设永久沉降缝，塔楼部分采用框剪结构。

设计中充分考虑高效、节能、经济、安全及现代化管理的各项要求。

上海浦东发展银行信息中心

设计单位：上海建筑设计研究院有限公司（美国 GENSLER 设计事务所合作设计）

主要设计人：裘黎红、孙燕心、杨琳、李良勇、贺伟民、朱建荣、朱文、叶海东、朱喆

本工程位于上海漕河泾开发区西区，基地面积 25950m²，总建筑面积约 2.65 万 m²。地上三层，是一个集银行数据中心、应急指挥中心、开发中心、呼叫中心、培训中心和服务管理中心等多种功能于一体的现代化大楼。

本项目的场地环境设计尽力体现建筑群的次序感和图案化。两条主轴线，一条贯穿于南北（步行走廊），另一条贯穿于东西（水体），形成基地主要组织元素。建筑群南面的第三条弧形轴线形成建筑群步行入口。这些轴线与建筑群形成一系列开放空间和中央步行交通环线，对内庭院形成了强烈的视觉效果。水体从贵宾餐厅开始，向西延伸，联系东西庭院。水池同时还将宾馆建筑与办公建筑分开，形成了大量的正式、非正式、私密和开放性绿地。

整个建筑利用了双层墙的设计理念，运用交通空间将内部功能区域与建筑外墙分隔开来。利用隔层空间以阻止直接从屋顶吸收的热量。通过可调节窗，使建筑具有可呼吸性。建筑设计同时还考虑了多种保温节能构造措施（外墙内保温、屋顶保温、遮阳设施、自控外窗和屋顶天窗等）。最大限度地自然采光，以减少室内灯光的利用，运用了水景、集中绿化和树木及地表缓坡设计以减少热量的获取和节约能源。

建筑造型丰富多变，外型独特，结构构造比较复杂。建筑外部由现浇清水混凝土外墙板柱、铝框透明涂膜玻璃窗和金属板、木质感铝格珊等构成。造型新颖独特的斜圆锥餐厅、晶莹透明的钢结构连廊立面由幕墙系统组成，带有钢柱、涂膜夹层玻璃幕墙及自动控制的遮阳设施。

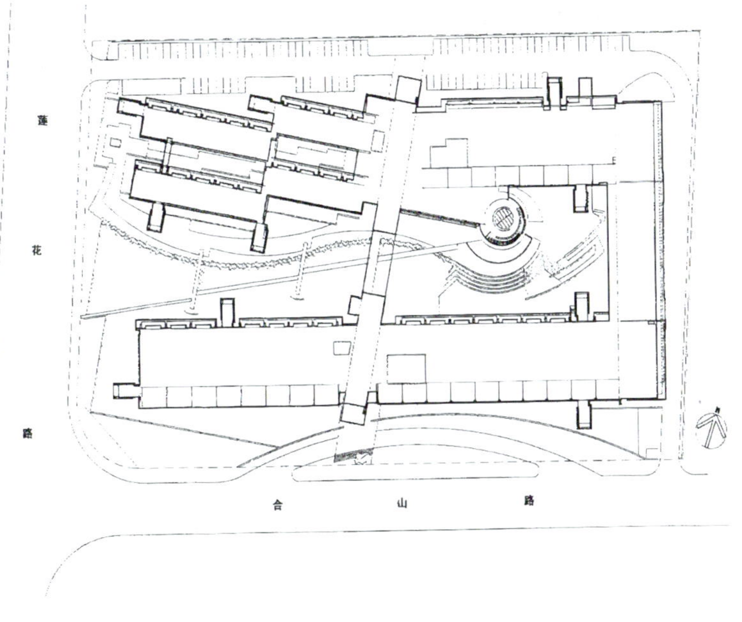

本项目建筑设计围绕社区性和可持续性的理念，采用与众不同的变截面现浇清水混凝土墙（复合墙体）立面造型和可呼吸的双层墙，双层顶的设计理念引入，在建筑节能，绿色生态和电气设计等方面具有较超前的意识。

结构设计中，最长的混凝土框架结构单体为92.5m，建筑要求混凝土框架结构部分全部采用清水（装饰）混凝土现浇外墙，不允许在外墙上看见裂缝。设计采取综合措施后（如利用建筑外墙分格作诱导缝等），至今未发现可见裂缝。

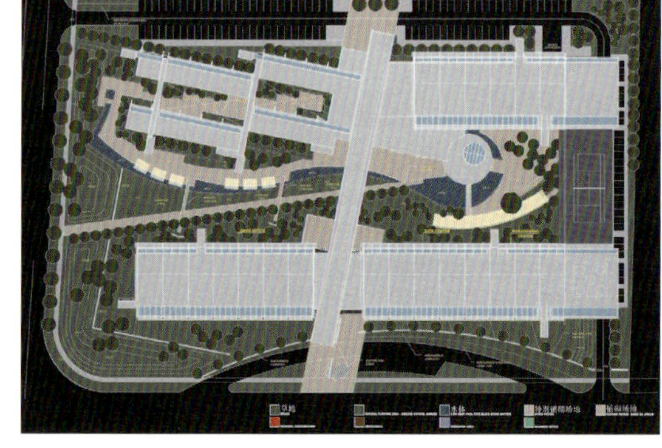

崇明县寄宿制高中

设计单位：上海现代建筑设计（集团）有限公司

主要设计人：冯皓、王文惠、濮大铮、顾致军、李道同、鲁海平、叶军、李毅、杨刚

本项目位于崇明县育麟桥路以北、陈海公路以西、东引路以东、北至规划路，基地呈近似矩形，东西400m，南北约440m。占地150912m^2（约226亩）。主要建设工程项目由教学楼、实验楼、行政综合楼、体育馆、食堂、生活楼、辅助楼及门卫房等组成，均为多层建筑。校区规划规模为在校学生数2160人，教职工人数为200人。校舍总建筑面积为65073m^2，其中地上建筑面积为63229m^2，半地下建筑面积为1843m^2；建筑占地面积为20357m^2，建筑密度为13.49%，容积率为0.41，绿化率为43.95%，综合教学用房面积为31258m^2，体育馆面积为4475m^2，生活楼面积约为22031m^2，食堂面积约为5752m^2，其他建筑面积为1557m^2。

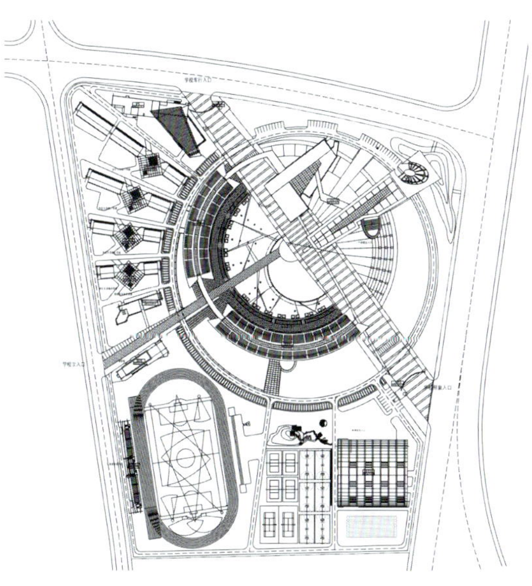

通过道路、水体、林荫道等环境设施有机联系，彼此照应。建筑造型定位于理性、简洁大方的风格。在立面层次和色彩上作变化，丰富建筑形象。建筑色彩以白色涂料和棕色面砖为主，力求风格统一。创造一个宁静优美的校园环境。

本工程体育馆高度约21.7m，最大跨度约40m，建筑体形新颖，在大跨度空间钢结构设计中采用拱形结构，拱的断面尺寸依据拱的应力变化和挠度情况进行优化调整，而拱的断面尺寸的变化又使得其空间视觉上满足了建筑的美学要求，从而达到了结构与建

筑的完美结合

学生公寓楼根据建筑物较长，中部入口与两侧宿舍房间开间差别较大，且体型不规则的特点，在中部入口大开间部分采用框架结构，而在两侧宿舍部分则采用砖混结构，中间设缝断开。

教学楼、实验楼屋顶均有大悬挑装饰构架，设计中经认真计算采用了混凝土结构，与钢结构外包铝板方案相比节约了近50%的工程造价。

基础设计过程中，根据崇明地区场地土质特点，结合各单体上部结构形式及荷载情况，灵活采用了多种基础形式。

参加体育锻炼
磨练顽强意志

天津泰达图书馆

设计单位：华东建筑设计研究院有限公司（美国加利福尼亚城建集团合作设计）

主要设计人：张俊杰、郁林元、陆道渊、孙正魁、陆益敏、杨裕敏、曹金兰、张晓波、柯宗文

泰达图书馆位于天津经济技术开发区，由图书馆和档案馆两部分组成。

该经济技术开发区的行政中心区，由第三大街的滨海大厦和海关大厦、泰达图书馆及金融中心区形成开放区中心区。泰达图书馆的建筑品质，对整个开发区形象起到至关重要的作用。

图书馆：地处滨海大厦东侧，档案馆高层沿第三大街。图书馆在广场东路和宏达街成45°布置，档案馆平行第三大街，滨海大厦以及海关大厦，形成相对完整的街区。沿宏达街一侧，采用24m以下建筑与滨海大厦裙房形成延伸关系，同时与南侧的泰达广场绿地形成良好呼应关系。45°布置形成一个主入口正对滨海大厦；一个入口正对泰达学院，形成了一个学生入口广场和市民入口广场。图书馆建筑设计为椭圆形建筑，建筑地上5层，地下一层，地下一层为汽车库和设备机房以及职工餐厅，整个建筑设南北二个半椭圆，室内采用大空间的平面布局，图书馆的藏书主要设在北椭圆夹层中，其余空间均为敞开型空间。

现代图书馆为追求使用高效率，减少藏书库部分，提高图书馆阅览使用效率。本图书馆电梯核心筒和疏散空间作非弹性空间。阅览的空间，根据不同的使用，可以灵活布置，这种图书馆的布置形式将会提高图书馆的使用效率，同时适用不同布置要求。在入口部位采用中庭空间，在南椭圆东侧有一个大的中庭空间，入口处中庭采用抓点玻璃幕墙，在中庭东西两侧仅为五层连接廊，增强了视线的穿透率，形成强烈的入口连廊。入口处中庭是人们进行办理问讯和借书的空间，中庭顶部采用彩釉玻璃，顶部阳光和人的活动，使室内中庭空间充满活力。南侧五层高的大厅空间面对南侧绿化广场，使室内和室外广场融为一体。

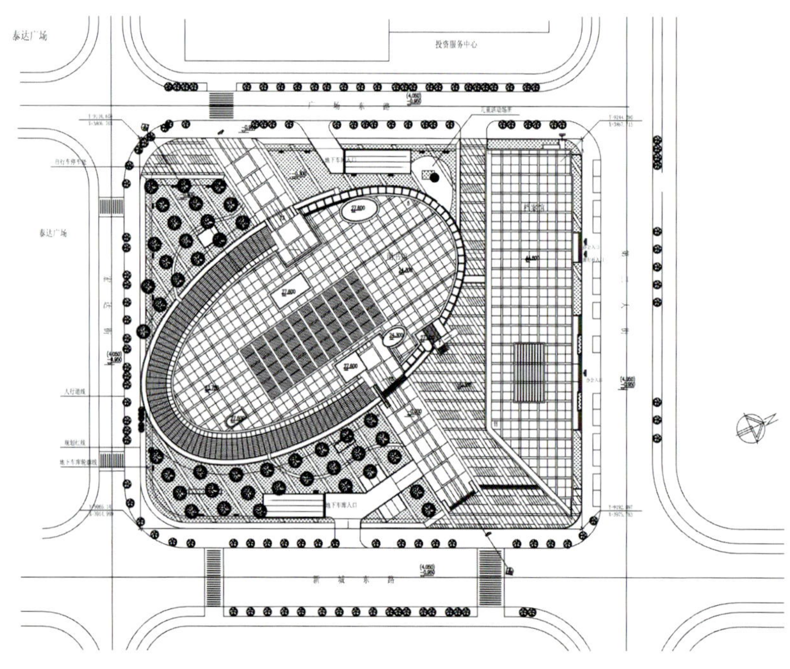

上海古井假日酒店

设计单位：中船第九设计研究院

主要设计人：邱忠华、陈云琪、朱惠德、吴德珍、孙斌、王海云、尤健、陆萍、盛健

本项目是四星级涉外酒店，位于长寿路700号，1998年12月设计，2003年4月竣工。占地面积3106m²，酒店建筑地下一层，地上21层，总建筑面积28033m²，建筑高度85m。

酒店拥有290间客房，2层行政楼，60间套房，1个宴会大厅，6个会议室和1个贵宾接待室。配套设施齐全。

在总体设计上充分利用地形，合理布局。单体及立面设计上以人为本，充分利用面积，创造了一个小而全、小而精的精品酒店。

设计充分考虑建筑物用地面积狭小，且呈锐角三角形的特定条件，将21层主楼，四层裙房依三角形布置，立面突出现代旅游简洁明快的风格，并谋求简洁古典的个性。

基地东侧形成一处小广场，上置雕塑，广场锐角处，有高达二层的框架，其上有二层退台三角形平

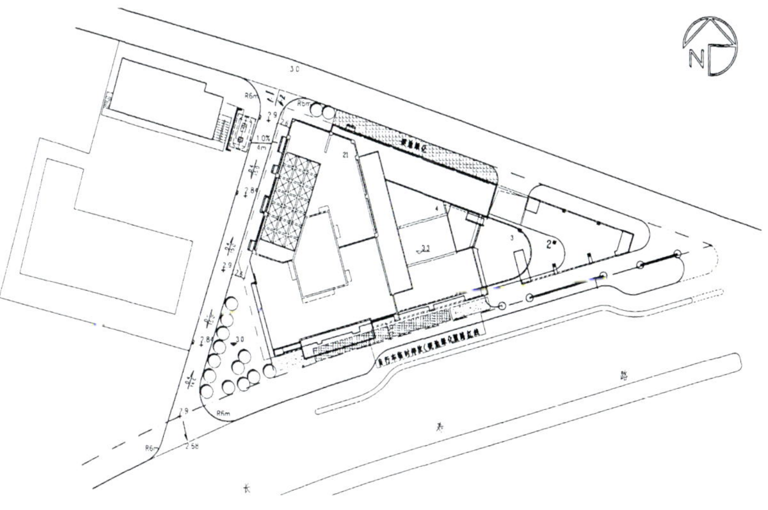

台，整个广场及其围合处更显通透与流通。

主立面窗户玻璃为银灰色，墙身为浅玉色，并饰以条状分隔带，顶部以斜向挑檐板强调其古典风格。

结构设计在6层客房以上采用悬挑，满足酒店功能的需要。

上海尚德实验学校

设计单位：上海工程勘察设计有限公司

主要设计人：张惠良、胡永青、包云峰、张吴泾、曹仁光、李旺巧、赵素英、曹忠池、李京捷

上海尚德实验学校位于南汇康桥半岛区域，该校是一所从小学、初中到高中十二年一贯制的寄宿制学校。学校总体规模为120班，学生总数约5500人，教职员工约380人。其中小学部（1～5年级）为30班，初中部（6～9年级）为72班，高中部（10～12年级）为18班。校区基地面积137700m²，规划建造总建筑面积19.8万m²，目前已建成建筑面积123。754.48m²。

本项目总体规划设计根据环境地形条件和现代教育建筑的特征，按功能性质划分为教学行政区、体育运动区、生活区。不同功能的建筑组群与四周的城市干道与河道相呼应，运用围合、穿插、延伸、叠合等建筑设计手法，使校园空间丰富、活泼、富有朝气。通过一条纵贯南北主轴线将行政楼、图书馆、科技综合楼所组成的教学行政区定位在校园的中心位置。

总体设计力求完全利用基地内部及周边环境的景观资源，设计重点突出景观步道、天然的滨河水景，绿化空间及休闲设施，形成生态型的绿色环境。

广场、庭园、林荫道、水景、树木、绿地、花坛，组成了点、线、面有机结合的立体绿色景观，赋予各种功能空间以不同的特色，形成了校园多层次的景致。

尚德实验学校造型错落有致、变化丰富，是一座优秀的建筑群体。图书馆为半圆形的4层建筑与5层的行政楼相连接，6层弧形的科技实验楼与其围合，形成了一个有机的整体。根据教学的不同要求，将一幢高中部教学楼和两幢初中部教学楼通过东翼的教师办公休息厅相连通，使师生有更多的交往空间。椭圆形的900人礼堂具备了音乐厅、电影厅、剧场及会议厅等功能，其独特的造型丰富了广场的建筑轮廓线，满足了"智能化"未来学校对多功能的要求。体育馆造型新颖活泼，极富现代感。高低错落、虚实结合，极富动感。体育馆与礼堂、教学楼围合的广场给学生提供了一个广阔的舞台和交流空间。

该设计实现了尚德实验学校作为一所先进的、现代化的学校的硬件目标，给全校师生创造了优美的学习生活环境，给学校的学习生活注入了新鲜的活力，让师生在如此舒适的环境下学习、工作，不仅满足了学校的各种功能要求，而且在满足功能的前提下使师生均得到了美好的享受充满了朝气。

上海华山医院门急诊楼

设计单位：上海建筑设计研究院有限公司

主要设计人：陈国亮、唐茜嵘、吴凤仙、宣景伟、熊业峰、芮强、孙刚、王瑾、陈尹

本项目建筑面积3万多平方米，大楼地上十二层，地下二层。

建筑设计的医院门急诊区置于医院北侧，住院区置于南侧由二幢病房大楼（共1000多床位）及手术中心（23间手术室）组成，医技区置于两者之间，使之方便服务于整个医院，后勤生活区置于西南侧，和医疗区域既分又合。医院中间设一集中绿化中心轴线，与原有的大花园贯通，组成休息区，其他四个区域均成为此轴线上的分轴线，将绿意引入各个区域。同时此区域又为将来医技的发展留有空间。

单体设计时以统计分析华山医院过去3年各科室门诊流量和变化特征，结合医院特色专科的发展远景，对医院5～10年后的运营进行预测为依据进行功能分配布局。

1～8层为门诊区，门诊为单人诊室，单元组合，二次候诊，医患流线分离。各单元由中心交通和中庭联系，创造一个安静舒适私密的就诊空间。1～2层局部设置急诊区。底层设专用绿色抢救通道，供救护车直达，屋顶设急救直升机停机坪，实现空中抢救无障碍通道，并有三台专用电梯，空中连廊与手术中心相通，力求争分夺秒抢救病患，达到现代急救中心全方位的服务要求。9～12层设置医院管理办公区，设独立的出入口及垂直交通系统，集中管理，提高工作效率。其中9，12层为医院会议中心，满足医疗国际国内交流和远程会议要求。

大楼立面造型简洁，明快，与医院其他建筑既协调又不乏特色。沿华山路一侧的曲线设计利于改善沿街城市景观。南侧为形成与保护建筑的优化效果，采用斜向透明大玻璃面，衬托红砖，绿顶的保护建筑典层共享的门庭；空中会所顶部用网架体系设计覆碗形梁架，朝外面覆张拉白膜，在室内透过环状分布的条状玻璃顶可以看到蓝天白云。当身临其境，穿行其间。

本工程为一幢地下2层、地上12层的框架－剪力墙结构体系的高层建筑，地下2层埋深达12m，且相邻5m为一幢二层市级保护建筑，基础采用桩筏基础，为ϕ 700钻孔灌注桩。

邓小平故居陈列室

设计单位：上海建筑设计研究院有限公司

主要设计人：刑同和、段斌、徐益珍、刘启荣、吴景松、徐德芳、王涌、朱文、朱学锦

陈列馆位于四川广安邓小平故居保护区。占地800亩，建筑总面积4000m²，地面一层，建筑风格采用当地固有的川东民居与现代艺术相结合，体现了邓小平同志伟大平凡的品格。

在总体设计上，将邓小平故居陈列馆建于山川田地之中。注重因借地势，朝向阳光，建筑群体组合在绿化丛中。主体建筑采用不对称的布局形式，前有纪念集散广场，四周有青山绿水，菜园，水塘，竹林树丛。让邓小平故居陈列馆完全融入周围环境，仿佛从大地自然生长，成为家乡水土上不可分割的一部分，形成一座"天然的纪念馆"。

主体展馆的建筑设计分四部分：序厅，声像厅，展厅，办公管理。从建筑的空间序列构成，建筑体量，尺度演变上来创造建筑的空间，运用了平面与空间结合处理的手法，将有限的空间无限伸展，运用不同材质、不同内容的墙体，达到空间感觉的无限。并充分运用高科技的声、光、电技术，全面、科学、细致地展示了邓小平同志的光辉人生。

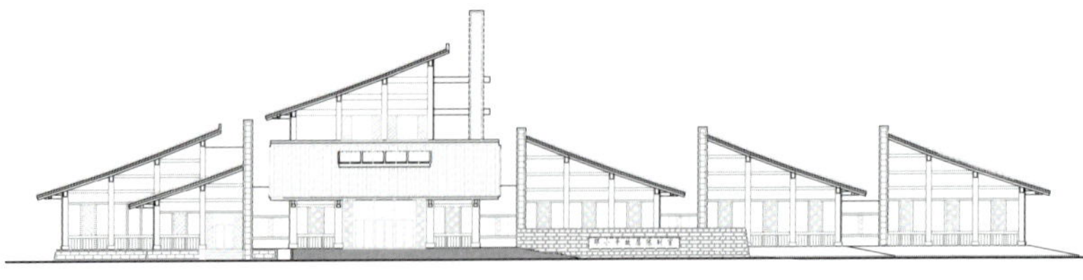

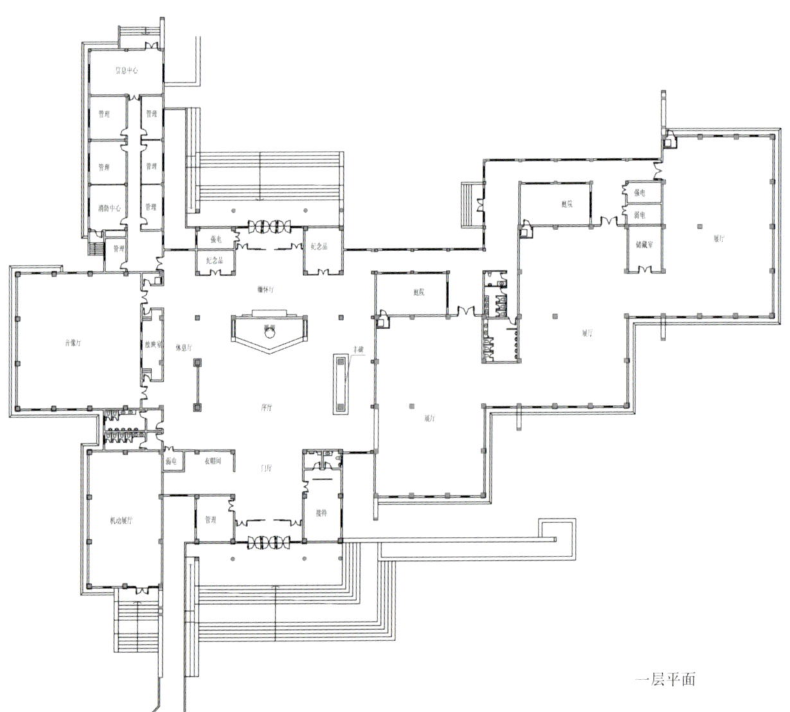

一层平面

邓小平故居陈列馆虽为一层，但创造了视觉中心点——丰碑。同时还充分吸收了川东民居的建筑特点：穿木斗平房，青瓦粉壁，古朴典雅。将典型的川东民居特色，通过提炼与再创造，既保持传统的元素，又进行屋面的"解构"，赋予现在的语言，创造出基于传统的又有别于传统的建筑风格，力求把朴实的建筑升华为艺术，把传统文化融汇于现代文化之中，融入到本设计之中，形成独特的建筑形象，既充满熟悉、亲和的自然感，又有联想、创意的新鲜感。因此在陈列室顶部和用材方面添加了现代元素；屋面高低错落。在关注地域文化、生态环境的同时又注意技术创新。

一层框架结构，采用独立承台基础。由于其建筑功能、建筑形态的特殊性，给结构设计有一定的难度。在屋檐处，建筑采用了大量挑檐结构，其最大处为3.9m，而允许结构的尺寸仅为350高。在设计时，对挑檐部分运用了挑、吊、撑等多种形式，不仅满足了建筑立面的需要，而且符合了结构设计的安全。

电气设计的整个系统采用两路高压进线互为备用，每路电源均能承担全部负荷，还设置了应急柴油发电机系统和集中式应急电源EPS电源，以确保重要负荷。整个展馆采用智能照明控制系统－"EIB智能安装系统"。设计还增设了一套先进的"激光型主动抽气式早期烟雾探测报警系统"，报警阈值可设四级，以确保安全。展馆进行了全方位的安防设计，包括闭路电视监控系统；红外、微波双鉴探测的防盗报警系统等。展馆在结构化综合布线系统的平台上集成了多媒体信息系统、展厅多媒体和管理系统，通信自动化系统（CAS）和办公自动化系统（OAS）。

上海卢浦大桥工程

设计单位：上海市政工程设计研究院（上海市城市建设设计研究院合作设计）

主要设计人：林元培、章曾焕、马骉、周良、岳贵平、卢永成、臧瑜、龚建峰、赵炅、翁思熔、卫东、朱以凡、徐俊、朱辉、袁丁

这是跨越上海市中心的黄浦江上又一座特大型桥梁。浦西岸与南北高架相连，浦东岸与外环线相通。

主桥设计采用中承式拱梁组合体系钢拱桥。桥面：双向六车道，两边各2m观光人行道，桥面总宽36m。跨径组合：100m+550m+100m，为世界第一的全焊钢箱拱桥。设计荷载：汽车－20级，验算荷载：挂－100。设计通航水位：4m，通航净宽340m，通航净高46m（含2m富余高度）。主跨跨径550m，矢跨比f/L＝1/5.5。主桥边跨采用跨径为100m的上承式拱梁结构。两边跨端横梁之间布置强大的水平拉索，以平衡主跨拱肋的水平推力。

卢浦大桥是世界上首座采用变高度钢箱型拱的特大型拱桥，拱、梁、立柱均采用箱型断面全焊接工艺，是目前世界上首座除合龙段接口一侧采用栓接外，其余现场接缝完全采用焊接工艺连接的特大型钢拱桥。设计制定的全焊钢拱桥的材料、加工、安装、焊接的技术标准和工艺要求等技术，填补了世界空白。

卢浦大桥采用中承式系杆拱桥型，16根拉索的总索力近20000t。水平拉索长达761m，单根拉索重达110t，远超过现代斜拉桥的拉索。该水平拉索的设计、制造、安装等技术解决了在软土地基中建造超大跨度拱桥的处理方法。

卢浦大桥主拱为薄壁箱型结构，对于超大跨度拱桥的总体结构稳定分析需考虑其薄壁结构的特性和几何非线性。总体稳定理论"一种非线性薄壁空间杆件及其稳定分析法"已申请发明专利。

在桥梁景观设计方面，为充分体现卢浦大桥外形简洁明快的特点，设计上强化了两个拱肋梁的曲线形体，淡化各种垂直构件。在色彩上采用略带暖色调的玉白色装饰桥拱，以淡灰色装饰水平桥拱。形成一弯一直的主体形象，总体上，色彩明快、淡雅，在浦江两岸环境中脱颖而出，成为上海又一座的新景观。

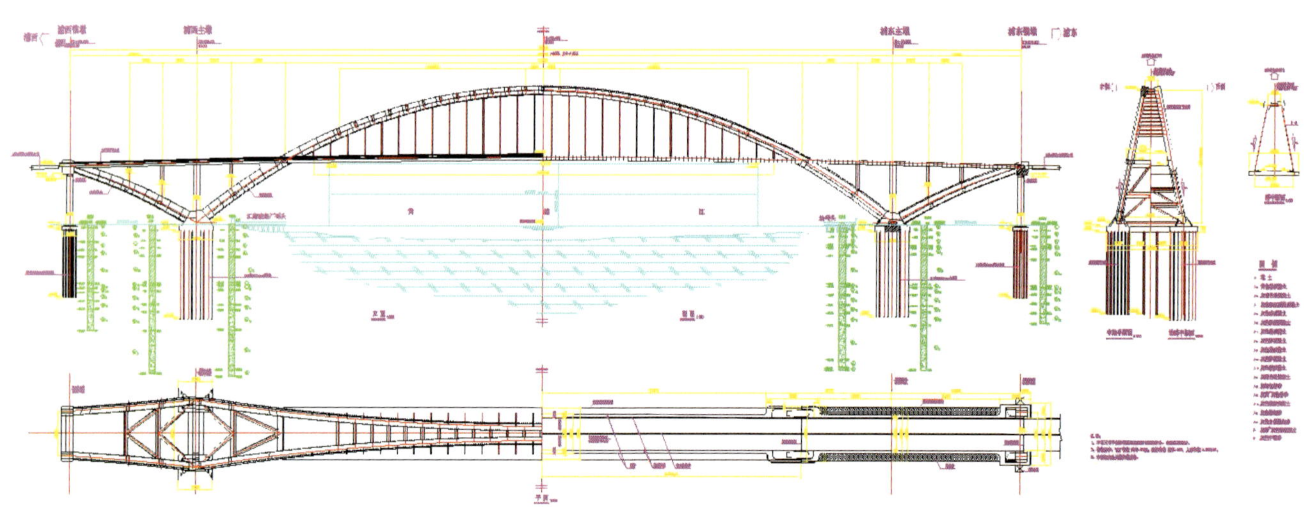

盧浦大橋

盧浦大橋

太浦河泵站设计

设计单位：上海勘测设计研究院（上海市水利工程设计研究院合作设计）

主要设计人：孙卫岳、胡德义、黄颖蕾、黄毅、费忠、潘汇、严玉峰、吴睿、田军

本工程位于江苏省吴江市已建太浦闸南侧，西距东太湖约2km，北距吴江市约30km、苏州市约51km，是上海市黄浦江上游二期引水工程的配套工程，主要是解决太湖枯水年份4～10月太湖水位较低情况下，通过太浦河泵站抽取太湖水补充黄浦江上游水量，改善上海市黄浦江二期引水工程取水口江段（松浦大桥）水质，提高上海市半数以上人口的生活及企事业单位供水质量。

太浦河泵站总设计流量300m³/s，泵站枢纽由进水渠、导流墩、交通桥、拦污栅闸、进水池、泵房、变电站、出水池、出水渠和亭子港闸桥等部分组成，工程全长1038.33m。工程于2001年4月15日正式开工，2003年7月2日完工。

太浦河泵站工程具有大流量、超低扬程、低转速的特点，据检索为目前世界上设计流量最大的斜轴伸式泵站，水泵单泵流量50m³/s，设计难度较大，设计结合工程特点，对工程总体布置、泵站的水泵装置、大体积混凝土裂缝问题、深基坑开挖、大容量异步电机的选用等一系列课题进行了研究。

工程总体设计采取站桥分离布置，通过水工模型试验，在进水渠入口设置导流建筑物，优化堤头体形，减少了进水渠直线段的长度，节约工程永久征地约231亩。

泵房采用堤身式布置，内置6台斜轴泵及配套电机。35kV变电站布置在泵房的南端。泵房地基处理采用水泥搅拌桩进行处理。

泵房底板具有平面尺寸大、结构布置复杂等特点，为减少应力集中，防止底板、流道顶板和墩墙等

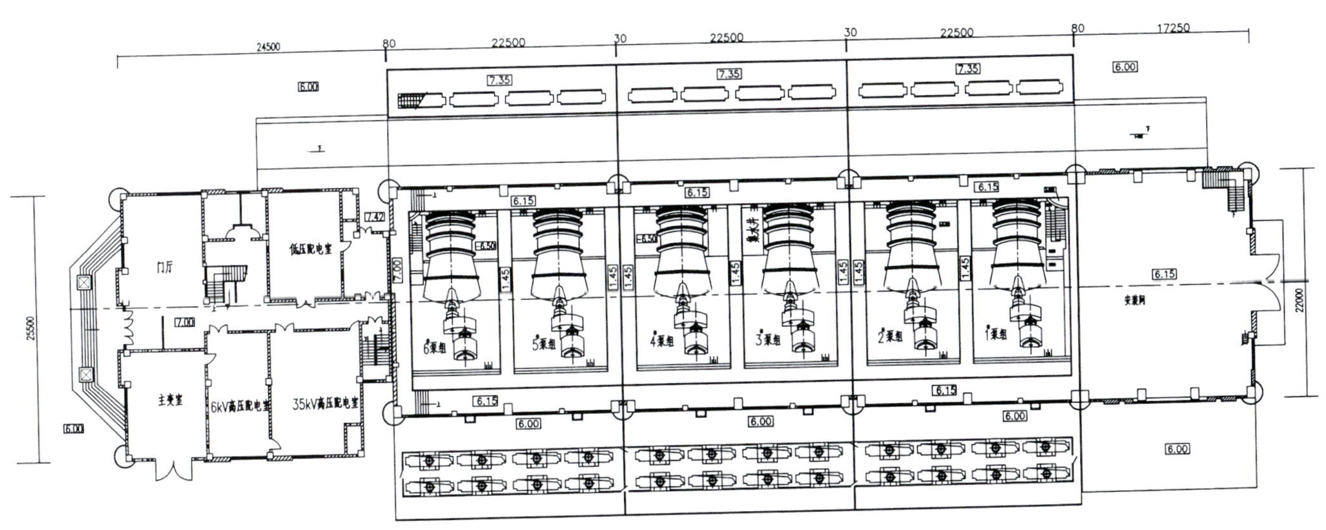

部位出现裂缝，进行了三维整体有限元分析与仿真计算，采取了合理的工程措施，使泵站至今未发现一条温度裂缝，为我国水利水电建设史上罕见。

太浦河泵站水泵配套电机功率1600kW，转速1000r/min。经比较，设计采用异步电机，结构较同步电机简单，日常运行维护也较方便，现运行情况良好。

泵站设计采用全计算机监控方式，以全开放式的分层分布结构，现地控制与主控级的通信网络为100MBPS环形光纤以太网的结构。工程观测采用分布式自动化观测系统，网络控制中心设于泵站计算机室内。

太浦河泵站建筑设计追求简洁明快的现代工业建筑风格，整幢建筑以浅色外墙、墨绿窗框、灰蓝色玻璃及铝塑板来加以装饰，格调高雅，极具现代感。

大连路隧道工程

设计单位：上海市隧道工程轨道交通设计研究院

主要设计人：杨志豪、李美玲、吴京华、叶蓉、朱敏、王晨、洪翔、蒋卫艇、郭志清

隧道从大连路与霍山路的交叉路口起，沿大连路南行，穿越黄浦江至浦东，沿东方路直至乳山路交叉口出地面。工程全长为2565.88m，包括江中的圆隧道、两岸的盾构工作井、暗埋段、引道段、地面接线道路、浦西隧道管理中心大楼、浦西、浦东各一座风塔等。2001年4月开始设计，2003年9月竣工。

本工程的线路设计中，在决定隧道浦西穿越毛麻公司桩基、浦东穿越新华港务码头桩基等关键技术，优选了下穿桩基方案，避开了码头深桩，规避施工风险，节约了工程投资。

建筑设计强调"以人为本"的设计理念，首次在江底公路隧道设置连接通道，在圆隧道车道板下的有限空间内设置一条宽1.4m的安全通道，为事故工况下的救援人员迅速进入现场及人员疏散创造条件；浦西风塔结合隧道管理用房设置，解决城市景观问题。

本工程为国内首条采用错缝拼装、旋转管片、弯螺栓连接设计的盾构法公路隧道，通过衬砌结构的优化，衬砌厚度减薄到48cm，衬砌环宽从1.0m增大到1.5m。工作井深大基坑支撑体系设置和主体结构相结合，内部设置薄墙、薄板的结构体系，整体稳定性强，满足施工和运营使用的空间要求。

岸边段基坑围护结构分别采用了地下连续墙、SMW工法柱列式挡墙以及水泥土格栅重力式挡墙。

其中引道段的围护结构同时又兼作倒滤层的隔水帷幕。设计采用经济、节能的纵向通风方式。

设计运用视频检测技术，大大提高了对道路通行进行实时监控、协调的能力。在隧道内采用可变信息板，加强对隧道基本信息的发布，有效降低事故发生率。

隧道内采用了由消火栓系统、水喷雾系统和灭火器装置构成的消防系统组合，确保隧道消防措施的完善可靠。隧道主照明采用光色好、诱导性强的线光源－稀土三基色荧光灯，其光效比一般荧光灯约高30%，达到了节能的效果，降低了电能消耗。

建上海市文明工地

上海大众汽车试验场工程

设计单位：上海市政工程设计研究院（德国欧博迈亚(BOERMEYER)公司合作设计）

主要设计人：王士林、陆锦隆、黄珊、刘运、梁铁旦、朱蔚、赵国志

试验场位于上海市嘉定区安亭镇新泾村，场区呈椭圆形，长约2km，宽约800m，占地约1.5km^2；该工程1998年开工建设，2003年2月竣工。

工程由高速环道SBA、强化测试道EVP、耐久测试道EWP/坡道丘STH、动态试验区FDF、制动测试道BPS等组成。

高速环道是试验场的核心设施，全长4721.9m，由东西两条曲线段和南北两条直线段组成，缓和曲线段长330m，圆曲线段半径为360m。路面布置三个行车道，曲面最大超高角47.065°，最大设计车速为200km/h。

强化测试道EVP，由拱形不平整路、比利时路、盐水通道、坑洼测试道、泥泞通道等15种特殊路面组成，路面宽4～5.2m，全长2.6km。

耐久测试道EWP由坡道丘和20多种特种路组成。坡道丘坡高12m，坡道总长1.375km，特种试验路全长15km。

动态试验区（FDF）由圆形（直径d=200m）的动态试验坪、进出道等组成，占地约10万m^2，沥青路面。

设计充分利用有限的土地资源布置试验路，试验设施布置非常紧凑、合理，各种试验设施齐全完整，而整个试车场占地仅1.5km^2，大大小于同类试车场的占地面积。

高速环道填土高（曲面段路堤高度达6m以上），曲面段路堤横断面线形为严重不对称的高次抛物线断面，为保证高速环道线形及结构的安全，高速环道路基采用先固结后用水泥混凝土桩加固的软基综合处理措施，该技术在国内同类工程中首次应用，取得了很好的效果，解决了软土地基上建曲面高速环道的技术难题。

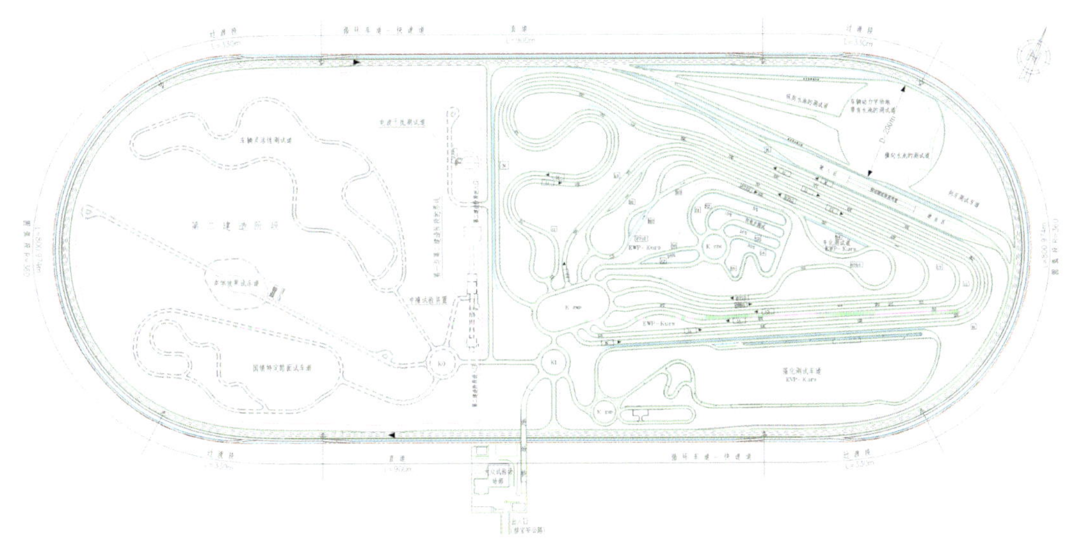

沪闵路高架道路二期工程

设计单位：上海市城市建设设计研究院

主要设计人：陈奇甦、刘晓萍、周良、马惠良、黄锦源、何晓光、徐卫东、吴欣、陈元

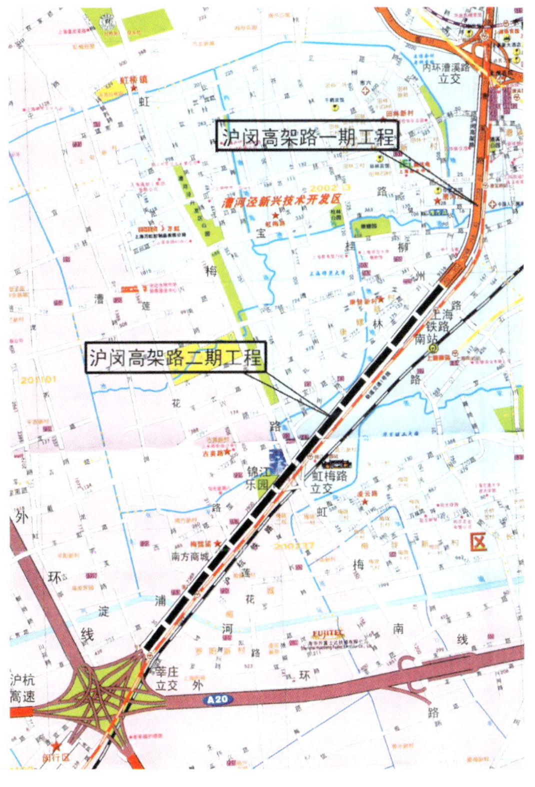

本工程是中心城区通向闵行、松江、莘庄等新城主要交通走廊，又是沪杭高速公路、320国道入城道路，在西南路网中交通地位举足轻重。

本工程自莘庄立交北端至柳州南路，长5.4km，道路红线宽度56～70m。其中高架道路全长5.2km，标准段结构总宽25.5m，6车道，匝道15条。地面道路基本按红线实施，双向6～8条机动车道。沿线主要结点有与莘庄立交衔接、虹梅路立交、上海铁路南站等。

规划为城市快速路。计算行车速度：高架道路为80km/h；地面道路为40km/h。高架桥及匝道桥：汽车－20级，挂车－100；地面桥涵：汽车－超20级，特种平板车－420；路面结构设计：BZZ－100型标准车。

总体及道路交通设计上对规划和交通量预测研究深入，确定工程建设规模、范围合理；与莘庄立交衔接，交通组织顺畅；与上海铁路南站的交通衔接，达到了总体建筑景观与交通功能的统一；对虹梅路立交结点方案，研究处理适当，好评与认可；“钢桥面沥青铺装性能与工艺技术”课题研究成果，达到国内领先水平；针对工程建成后影响问题，对“徐家汇地区交通疏解方案”的课题，研究成果获市领导和有关管理部门的肯定与高度重视。

高架桥结构设计上造型新颖。突破传统断面型式，提出了“弧形等截面箱梁、树叉形桥墩”造型方案。结构整体性强，外形美观；结合工程路段特点，采用新的施工工艺。其中Ⅰ标段、Ⅲ标段提出采用大型节段预制、架桥机拼装新工艺（节段重量达120t）。对跨越虹梅路立交的Ⅱ标段，采用钢箱梁无支架施工；设计采用有粘接筋（体内索）、无粘接筋（体外索）两种预应力束共同作用的配置方式；有效控制结构变形。工程质量得到有效控制。此外，结合本项目的实际开展了多项施工组织设计研究和科研项目课题。其中“大型节段梁拼装法和钢箱梁滑移法在城市高架桥的应用技术”，填补了国内空白，总体达到国际先进水平，获上海市科技进步二等奖；“新型桥梁结构抗震分析与研究”，成果达到国内领先水平。通过本工程设计获得和正在受理发明或实用新型专利达8项。

上海市白龙港污水处理厂工程

设计单位：上海市政工程设计研究院（上海市城市建设设计研究院合作设计）

主要设计人：张辰、顾建嗣、张欣、孙家珍、黄瑾、张毅、彭敏、戴孙放、王敏

工程位于上海市浦东川沙合庆乡，2001年开始设计，2004年5月竣工，规划处理能力为210万m^3/d，近期建设规模120万m^3/d。白龙港污水处理厂采用高效沉淀池为主体的一级加强处理远期可续建生物滤池（主要工艺流程见附图）。工艺通过提高原预处理厂的处理程度，进一步削减排入长江的污染物总量，改善长江口的水环境，是上海市保护水体环境质量的一项重要工程。

污水处理厂每天产生197t干污泥，采用高干度离心脱水机脱水达含水率65%后与竹园第一污水厂污泥一起送至27hm^2污泥填埋场集中填埋，自然堆置一段时间后可作为垃圾覆盖土和城市绿化用肥。厂内保留远期污泥处理用地，设计填埋期4～7年。

白龙港城市污水处理厂在现有白龙港预处理厂基础上建设，在总平面设计中，污水处理部分占地为常规生物处理工艺的1/5，所有污水处理构筑物均在占地18.8hm^2的白龙港预处理厂围墙内建设，仅在原围墙外北侧布置了污泥处理区。厂区共分五个功能区：厂前区、污水处理区、污泥处理区、中水回用处理区、填埋区。工程总用地58.86hm^2（其中新增用地13.06hm^2），用地指标为0.185$m^2/m^3/d$。

主要单体建筑设计包括主体构筑物高效沉淀池，集混合、絮凝、沉淀、浓缩为一体，共3座，单座处理规模达43万m^3/d，尺寸为70.36×35.3m，每座有4池，斜管区上升流速达25$m^3/m^2/hr$。排

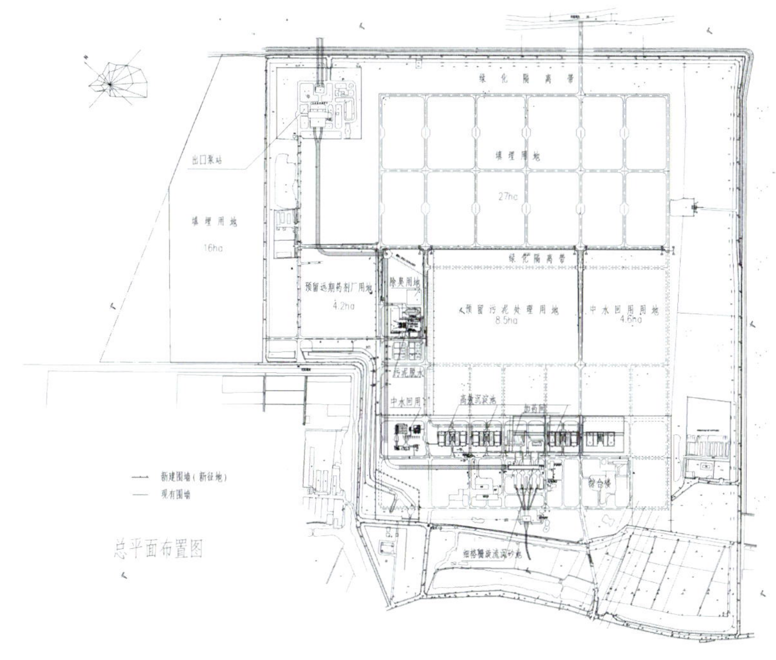

总平面布置图

运行中的高效沉淀池

泥含固率达4～8%，污泥浓度高，流量小，无需再建浓缩池，是目前世界上最大的高效沉淀池；污泥处理中，采用了先进的平底型料仓，较以往锥型底料仓空间利用率高，降低了料仓的总高；厂内还设置污水再生回用系统。在高效沉淀池的池壁设计过程中，结构设计应用有限元计算的Robot专业软件，将水池作空间受力分析，在壁厚不变的条件下，池壁的配筋量较常规设计减少约20%。高效沉淀池桩基采用以沉降控制抗拔桩的布置方案，根据构筑物的最终沉降量大小以及由于底板局部抗浮不满足引起的底板内力变化来调整桩基布置。

白龙港污水处理厂，目前每天日处理量达到130～150万m^3/d，BOD_5、COD_{cr}、SS等出水水质均优于设计指标。

上海市磁悬浮快速列车示范运营线轨道工程

设计单位：上海市政工程设计研究院

主要设计人：周质炎、冯卫国、窦仲赟、吴忠、边晓春、任廷柱、林志雄、万建军、程庆术、任宏业、王恒栋、杜一鸣、赵晓梅、李文沛、杨科炜

上海市磁悬浮快速列车工程是一条集城市交通和旅游观光并重的商业运营线路，既用于解决浦东国际机场与市区之间快速交通，也是研究探索我国高速交通的示范线。本工程最高运行速度为430km/h，最高试验速度500km/h，是世界上第一条商业运营的高速磁浮交通线。

工程位于上海市东部的浦东新区和南汇区。起点为轨道交通2号线龙阳路站，终点为浦东机场航站楼，全长30km。2001年3月开工，2002年12月31日实现单线试运营，2004年5月1日正式运营。

全线设龙阳路站和浦东机场站。龙阳路站为高架三层一岛二侧车站，浦东机场站为地面二层侧式车站。另设车辆维修基地一座。

本工程试运营采用3节编组，初期为5节编组，远期为8节编组。行车间隔为10min。两站之间运行时间为7.5min。

线路最小曲线半径650m，最大纵坡4.55%。

上海磁浮快速列车工程的建设过程是学习、消化、吸收并进而对之改进、完善的过程。结合我国现有施工技术、机加工发展现状以及经济发展水平，线路轨道设计创新开发多项重大技术，同时形成了满足系统要求、应用条件和具有自主知识产权的高速磁浮线路轨道设计技术。

为保证列车在高速运行时旅客的舒适性，磁浮交通系统对线路线形提出较高要求。线路设计根据速度曲线进行动力学分析，确定合理的平、纵线型组合、横坡设置等线路参数，以保证高速行驶，提高旅客舒适度，并结合我国现有施工技术、机加工发展现状以及经济发展水平，简化空间线路的轨道梁制作和轨道梁设备布置类型。

要保证理论上舒适的线形，在力学性能方面，轨道结构对结构刚度和结构动力性能有严格要求；对轨道功能区提出了非常严格的制造精度要求，如轨道梁采用预应力混凝土梁时，混凝土收缩、徐变等引起轨道梁跨中竖向变形须控制在1mm以内。

本工程的轨道结构在结构型式的选择，结构布置，复合轨道梁的混凝土徐变控制，轨道梁温差变形控制，跨越河道结构处理以及软土地基不均匀沉降控制等方面均在德国线路结构技术的基础上进行技术创新，并获得多项具有自主产权，其中在六个方面取得了创新性的成果。

（1）具有自主知识产权的轴心受压复合轨道梁；

（2）自主开发了"先简支后连续"的轨道梁结构，解决了温差变形控制问题；

（3）自主开发了三跨连续迭合梁结构，解决了跨越河道、道路等大跨度问题；

（4）自主开发了多向无级可调磁浮线路结构轨道梁支座；

（5）实现软土地基上建造磁浮交通系统的先例；

（6）"以直代曲、三级拟合"的直线拟合技术。

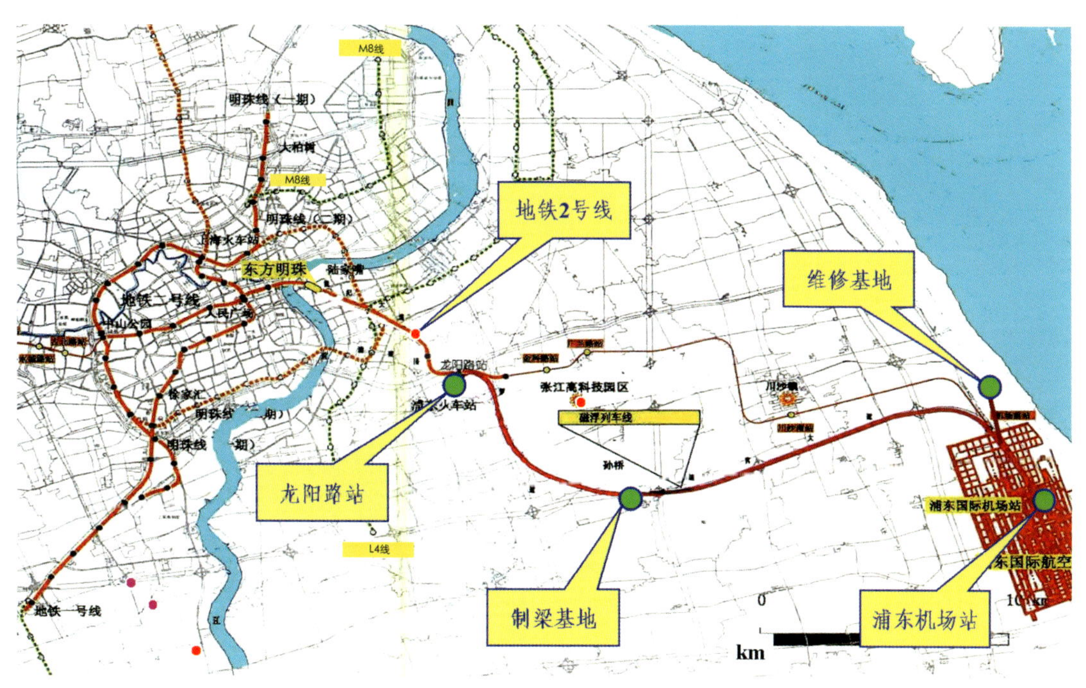

经权威部门测试，舒适度指标达到国际标准化组织ISO2631、国际铁路联盟UIC513标准的“舒适”性指标，达到GB5595-85规定的“优级”标准，表明线路参数的选择、轨道结构的设计及制造是合适的。

长桥水厂老制水系统改造工程

设计单位：上海市政工程设计研究院

主要设计人：沈裘昌、邬亦俊、郭建华、黄雄志、王作民、岑雁、张晔明、于正丰、郑志民

长桥水厂始建于1959年，后逐步扩建改造后生产规模达160万m^3/d，是目前国内规模最大的水厂。本改造工程主要对水厂1950年代建设的40万m^3/d老系统进行扩容改造，并新建厂内滤池反冲水回收系统、污泥排放系统，将原排水系统改为雨水排放系统，同时根据环保要求，对新建60万m^3/d系统的排泥水进行脱水处理。

由于长桥水厂处于住宅群和市政道路包围中，基本无发展空间，故设计采用大量叠合建构筑物，特大口径生产管线采用双层或多层渠道，巧妙地结合在滤池和冲洗泵房下，紧凑布置，用地指标远低于同类工程。总平面设计中还尽量考虑远期全厂深度处理改造，结合新系统在新建独立清水池上预留叠建60万m^3/d臭氧接触活性炭滤池的可能。

针对黄浦江上游水源，设计选用机械混合、折板絮凝平流沉淀及V型滤池处理工艺，合理选择工艺参数，取得较好处理效果，出厂水浊度达到0.3NTU以下，矾耗也大大降低。

在大型离心泵的设计中，创新采用吸水流道设计取代传统吸水井，大大改善吸水流态，免去大型吸水井的抗浮费用，降低了造价，增加绿化面积。经过近3年的运行，证明吸水流道设计很成功。

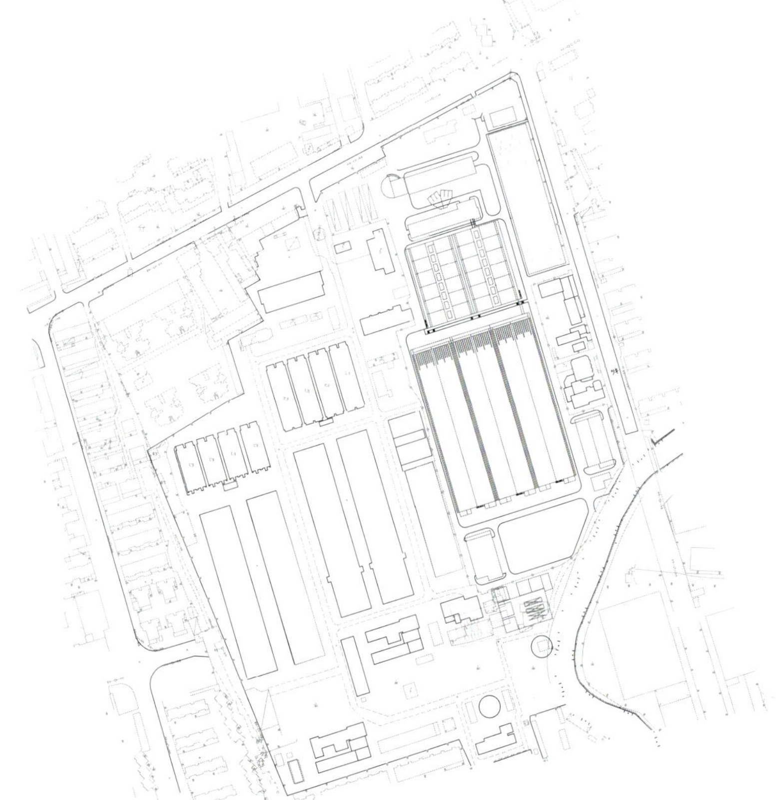

污泥脱水设计选用了板框压滤机，经脱水试验实测，确定加药量不超过3mg/L（干泥量），脱水泥饼含固率不低于50%的设计参数，大大节省泥饼外运的费用。

在结构设计中采用400MPa高强热轧带肋钢筋（Ⅲ级钢），减少结构配筋，降低工程造价。结合工程特点优化桩基设计，叠合池根据全满或全空荷载变化大的特点，将抗浮和抗沉降桩基组合考虑，大吨位立柱下则采用多根摩擦桩组合桩基。

广州市大坦沙污水处理厂扩建(三期)工程

设计单位：上海市政工程设计研究院（广东省建筑设计研究院合作设计）

主要设计人：羊寿生、盛丽敏、曹晶、陈伟雄、李骏飞、徐震、汤建勇、司马勤、石广甫

本项目位于广州市大坦沙岛内，是广州市第一座污水处理厂。大坦沙污水处理厂分三期工程建设，一期和二期工程分别于1989年和1996年建成、运行。本工程，建设规模22万m^3/d，新增污水厂用地9.73hm^2。目前，大坦沙污水处理厂的总处理规模为55万m^3/d。

作为改扩建项目和广东省重大市政工程项目，本工程建设标准高，设计难度大。本工程设计，采用分点进水倒置A2/O污水处理工艺，污泥处理采用重力浓缩、机械脱水工艺；尾水排放执行《广东省水污染物排放限制》（DB44/26–2001）一级标准。工程自2004年3月28日通水和2004年6月28日试运行以来，各项出水指标均远低于设计排放标准。

污水处理工艺设计中，根据出水排放标准，增设附加了化学除磷和附加化学氧化工艺，全厂采用加低罩通风脱臭设施，污水厂采用集约化布置形式，单位用地指标0.442$m^2/m^3/d$污水，体现了占地小、无污染、技术先进、运行可靠、建筑美观及节约能源等特点。工程设计引入人性化的设计理念，注重环保和生态，充分考虑水流、人流、物流和信息流。

建筑设计在突出"环境保护"设计理念的基础上，综合楼建筑采用岭南风格，污水厂布局突出"静"、"噪"、"净"、"浊"等功能分区。

在结构设计中结合生物反应池池顶管渠设置预

应力拉梁，优化结构受力体系，使池体含筋量节约30%，为同类工程首创。脱水机房和污泥料仓合建，国内首次采用多项技术措施解决脱水机置于三楼时的震动问题。

由于本工程规模较大，设备较多，全厂电气设计的自动化程度较高，仪表自控设计采取了分散控制、集中管理的系统模式，保证了整个系统的连续性及安全性。

广州市新机场互通立交工程

设计单位：上海市城市建设设计研究院

主要设计人：王树华、左涌、李坚、陈曦、吴刚、徐卫东、芮浩文、李钦文、全怡青

本工程是经由新机场高速公路直达广州新白云国际机场最后一个互通式立交。该机场立交共3层，总建筑面积902140m²。

本项目于1999年9月完成施工图设计，2000年4月正式动工， 2001年12月31日完成一期工程，2002年5月31日完成二期工程，2003年3月全面竣工验收。

该立交共解决了机动车17个交通流向，同时解决了地面辅道交通。

立交的设置，放置在地面层为新机场高速路；第2层为106国道，A6匝道跨越106国道后跨越高速路北延段及新机场高速路，高速路北延段A3道为最高层(3层)。整个立交层次布置合理有序，立交造型新颖美观，体形匀称，道路线形流畅、舒适。

立交匝道采用曲线法进行线形设计，大量采用缓和曲线，使道路线形和顺，车辆行驶舒适。

桥梁工程下部结构因地质条件复杂，出现岩溶发育地段，采取一桩一钻孔勘探，见洞率总计14.83%，桩基础设计中较好地采用多种方法处理。桥墩盖梁采用预应力和钢筋混凝土倒"T"型结构。

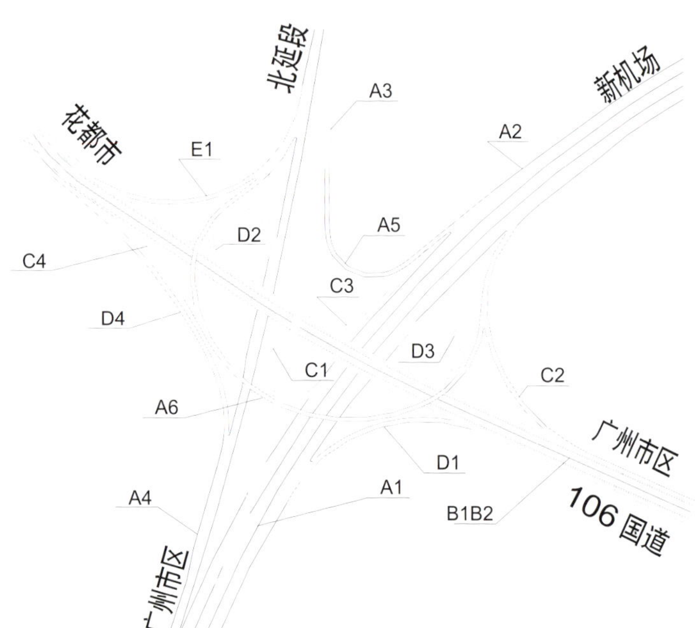

桥梁工程上部结构根据立交布置所需的桥宽、桥跨及景观要求分别采用三种类型桥型。A3道、B1、B2道首次采用25m和30m预应力混凝土简支组合箱梁结构；在跨径小于等于25m时结构采用钢筋混凝土连续斜腹板箱梁；在跨径大于25m时采用预应力混凝土连续斜腹板箱梁。

立柱根据桥面宽度，上部荷载不同分单立柱、双立柱及三立柱，为了满足受力，支座布置及美观要求，连续梁中墩及边墩的单立柱均在立柱顶部2.5m处横向立柱尺寸由1.5m放大到2.6m，桥台采用轻型桥台，台后设搭板。

廣州白雲國際機場

上海市石洞口城市污水处理厂污泥处理工程

设计单位：上海市政工程设计研究院（上海市建工设计研究院有限公司合作设计）

主要设计人：张辰、雷震珊、胡维杰、徐国锋、何先舟、陈萍、
毛鸿翔、杨新海、马新华

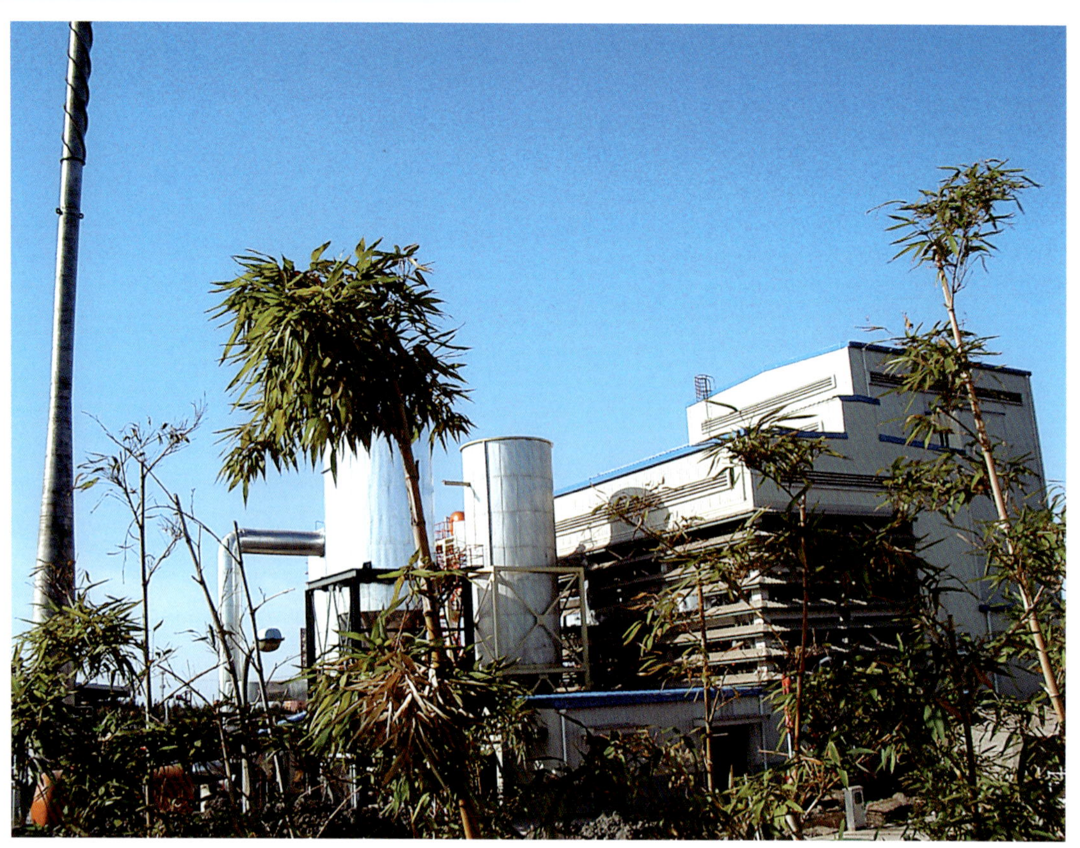

工程位于上海市宝山区盛桥镇。日处理污泥量64t污泥（干基），是目前上海最大的二级污水处理厂的污泥处理工程。工程设计于1996～2003年，竣工于2004年。

在对污泥浓缩、消化、脱水、干化、焚烧、综合利用等各种处理处置途径进行深入广泛调查研究的基础上，设计首次在国内采用综合性的机械浓缩，脱水、干化/焚烧工艺，实现最大程度的减量化、资源化及无害化，同时坚持了污泥综合利用的设计理念。将污泥干化后进行综合利用或将干化污泥进一步进行焚烧处理的工艺技术，从根本上解决了污泥的出路问题。

污泥处理工程实现了与污水处理工程的有机结合。污水厂尾水用作污泥干化冷却水及污泥焚烧喷淋水；直流式冷却系统排水回流至污水厂出水，喷淋排水回流至污水生物处理系统；在实现无污染排放同时，降低了工程投资及运行成本。

污泥处理构筑物中多个可独立运行的污泥调蓄池，避免污泥液回流对污水处理厂处理水质的负面影响。采用污泥浓缩机、污泥压滤机、污泥输送泵、污泥料仓，全自动的污泥处理、输送、储存系统提高了污水处理厂的自动化程度。污泥干化/焚烧联合处理采用低温干化和高温焚烧系统。

污泥处理工程自控系统，完全满足污水处理厂的监视与控制任务。总线方式特别适用于解决复杂的控制任务，灵活完成各工艺流程的实时检测，设备的自动调节、自动控制。

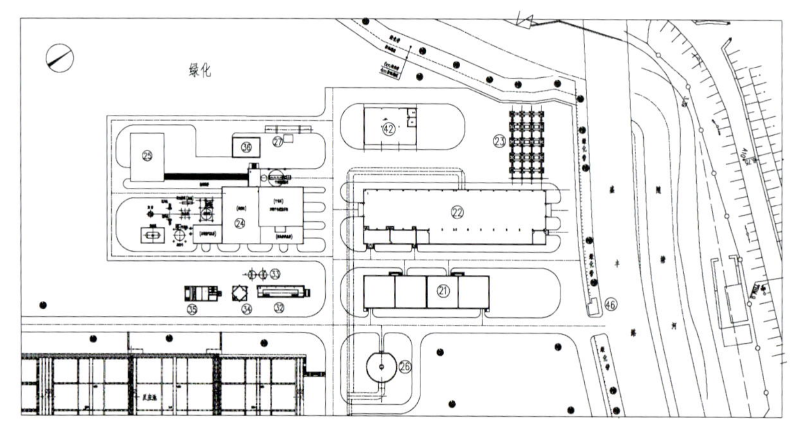

南京玄武湖隧道工程

设计单位：上海市隧道工程轨道交通设计研究院

主要设计人：曹文宏、张毅、姚宪平、高英林、林涛、王秀志、黄巍、蒋卫艇、朱祖熹

本工程是南京市规划城市快速内环一个重要的节点工程，也是目前国内已建成的最大规模城市明挖法隧道。工程东起新庄立交二期高架，下穿玄武湖、明城墙、中央路、地铁一号线、芦席营，在新模范马路上出地面；另有一对匝道与中央路连接。中央路以东为双向六车道，以西为双向四车道。工程全长2684.24m，隧道暗埋段长2230m，湖东、湖西敞开段分别为164m、190.24m，接线道路长100m。

工程于2003年4月30日建成通车。经二年多运营，隧道交通顺畅，行车安全、舒适。

本工程设计在整合线路、建筑、设备与结构等专业要求基础上，创造性地提出了隧道暗埋段断面双折板拱形式。利用隧道的侧向水土压力提供拱推力以优化顶板结构；按顶、底板、侧墙物理位置，理性调整其质量与刚度，从而优化了结构。与传统断面相比，减小了结构尺寸，避开了大体积混凝土浇注工艺的难题，增加了结构截面受压区范围，提高了结构的耐久性。

地铁一号线、各类地下管线、湖床规划等对沿线隧道顶部的标高提出了限制，设计结合排水纵坡、行车安全等因素，提出了W型隧道纵坡，两个废水泵房设在两个最低点，整个地减少了隧道的埋深；W型的浅覆土段采用浅拱以满足标高限制；深覆土段采用深拱以减少上覆土荷载，结构受力也更合理，此处布置风机，解决了隧道建筑界限与规划标高限制的矛盾，从而进一步减少了隧道的埋深。

上述诸多措施，减少了隧道的总工程量，降低了工程造价，缩短了施工工期。其中，双折板拱结构形式在世界隧道史上属首次应用。

因隧道跨越整个湖区并延伸至陆地，沿线地质构造复杂，设计提出了沿隧道全线布置墙身轴线桩的方案，为隧道的长期稳定起到了关键的作用。

本工程属超长、大体积钢筋混凝土结构，施工要跨越不同的季节。设计在混凝土配合比中采用了普通硅酸盐水泥掺加优质磨细粉煤灰和粒化高炉矿渣微粉等胶凝材料及添加高性能抗裂防渗增强剂“双掺”的方案；提出并坚持了纵向15m间隔的“跳仓”浇筑方式。使混凝土达到了良好的防水效果。

综合隧道内、外空气质量、消防安全及周边自然景观等因素，设计坚持了综合环境保护意识，因地制宜地对各敏感点采取不同的排风方式。

本设计在国内首次采用了峒口降噪措施，吸声率达到了0.7，效果显著。

上海市共和新路高架工程

设计单位：上海市隧道工程轨道交通设计研究院、上海市政工程设计研究院

主要设计人：冯卫国、俞加康、龚慈中、宋键、罗建晖、章建庆、黄虹、丁瑞元、张云龙、裘家训、丁兴国、张国芳、张晓松、缪和平、吴凤仙

本工程南起南北高架与内环相交的共和新路立交北引桥第一个变坡点，北至外环线蕴川路立交南接口，全长约9.65km，其中高架道路南起柳营路交叉口南侧，北至蕴藻浜北侧，长约9.44km。为减少城市用地，部分高架路段将地铁一号线北延伸工程纳入共和新路高架一并考虑，桥梁设计方案采用一体化双层高架结构，即：上层为道路高架桥，标准桥宽度25.5m，下层为地铁高架桥，标准桥宽8.9m，桥墩共用，长度约为5.5km。加上地面道路，本工程成为三位一体的综合性的交通工程，工程建成以后将成为本市又一标志性的建筑。

共和新路沿线与25条横向道路相交，交叉口设计主要考虑在满足交通量预测要求的基础上，结合各横向道路的改造、辟道计划进行设计。

高架道路全线布置为双向六车道，单幅高架宽25.5m、双幅高架各宽13m；无匝道处宽46.5～50m。

共和新路一般高架道路主线（永和路以南）结构布置以20～22m先张法预应力空心板为基本跨径的简支体系，采用连续桥面结构。道路高架与地铁高架分离后及高架落地段采用28～31m的T梁。跨越蕴藻浜处采用45+70+45=160m预应力混凝土连续梁结构。跨越路口时均采用单跨或多跨组合T梁。

共和新路一体化高架段以跨度为30m作为主线布置的基本跨径，主要路口布置则根据横向道路规划宽度进行设计，一般采用35m、40m、45m跨度，高架车站范围以车站布置作为原则，适当调整跨度。道路高架梁采用T梁；地铁高架梁采用现浇预应力箱梁及钢筋混凝土结合梁。一体化高架桥墩采用Y型墩和H型墩两种型式。

本工程是集城市快速路、地面道路和轨道交通于一体的综合交通体系，工程总体布置对不同类型的高架路及地面道路交通进行有序的组合衔接，形成具有多功能相互协调、有机配合的工程整体。这种多系统、多功能结构大规模组合型式，在国内尚属首次。

共和新路高架及地面道路已于2002年12月正式通车，2004年底一体化高架段地铁交付使用。

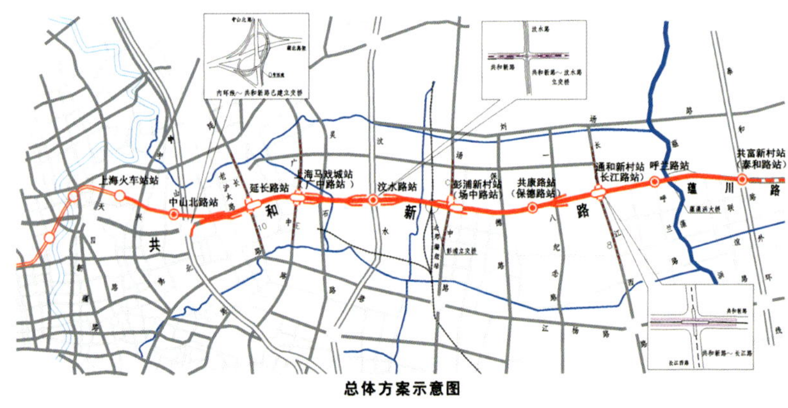

总体方案示意图

汶水路站 WENSHUI ROAD STATION

共和新路 闸北灯具市

上海机动车检测中心一期项目

设计单位：上海市机电设计研究院有限公司

主要设计人：陈平、冯玉婷、于苇、杨春苗、刘玉、陈钢、黄中荣、康健、陈国栋

本工程选址于安亭国际汽车城双浦村，征地面积810592m²，厂区占地面积518852m²，建筑占地面积15752m²，建筑展开面积255242m²。工程于2002年7月开工，于2003年8月完成建筑安装工程，9月3日通过验收，12月完成工艺设备安装。

本工程建成投运后，上海机动车检测中心即拥有能够执行43项国家汽车强制性检验项目的能力，其综合技术水平达到国内领先，改变了上海这个汽车工业基地没有综合性汽车检测机构的局面。根据安亭汽车城的总体规划，本工程已成为汽车城的标志性建筑之一。

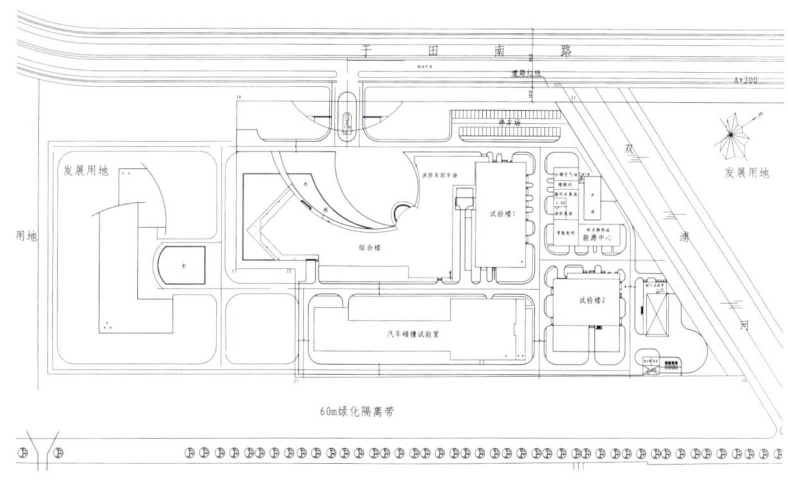

闵行体育公园

设计单位：上海市园林设计院

主要设计人：朱祥明、江东敏、马明强、莊伟、梅晓阳、许曼、陈惠君、周乐燕、江卫

体育公园位于外环线以西，新镇路以东，总面积约 1260亩（84hm²）。体育公园由公园部分，外环线林带，体育场馆及热带风暴水上乐园和青少年活动中心，三个部分组成。本项目2002年3月至2002年12月30日设计， 2004年1月18日对外开放。

本项目设计突出体育特色，与外环线林带，闵行体育馆融为一体。将运动休闲融于独特的自然景观之中，是集体育锻炼，休闲娱乐与生态环境于一体的新型体育主题公园，填补了上海没有体育主题公园的空白。

设计遵循"人，自然，环境"和谐统一的原则，将公园外的外环线林带，体育场馆等在总体上形成一个有机的整体，使城市绿地的观赏性和实用性密切结合，满足城市居民户外体育活动之需，在整体上优化景观系统的综合功能。

设计以乔木为主，灌木植被相结合。园内划分若干个植物特色区。如与园内的水系有机融合，设置湿生植物区及其他植物特色区，形成全园完整的自然生态系统，以追求最佳的生态效益。园内植物种类在300种以上，且绝大部分都是本土植物。

设计中充分利用基地内原有垃圾山作为公园地形规划的制高点，利用基地内原有河流较多的特点设置景观水体。园中央设缓坡大草坪和水面，便于自然排水和构成活泼的亲水景观。对原有河道进行改造，合理组织水系，形成有机整体。竖向设计既营造了高低起伏的自然景观，也创造了自然排水的条件。

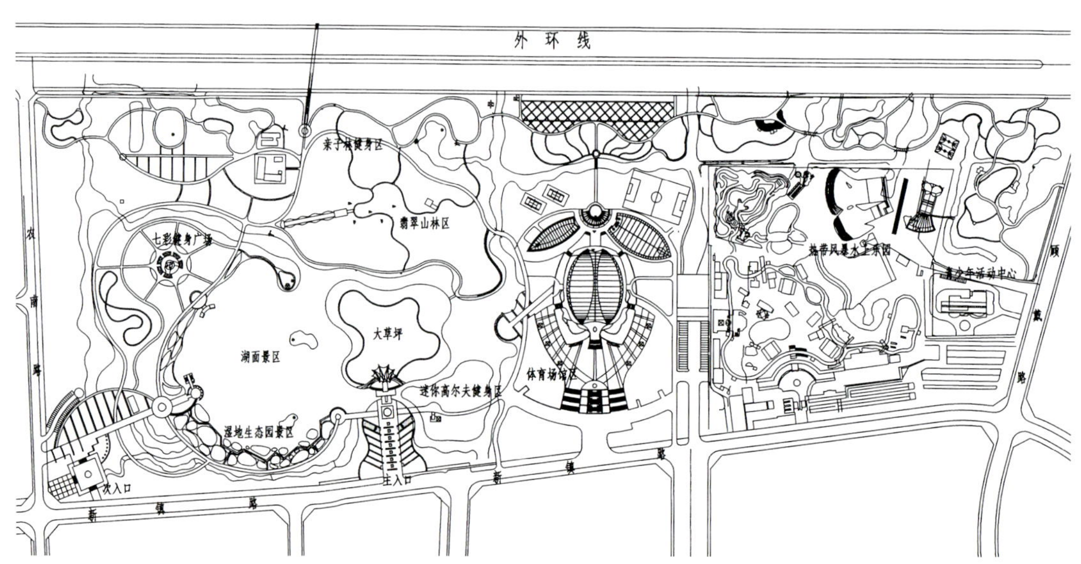

梦清园

设计单位：上海市园林设计院

主要设计人：赵杨、张栋成、茹雯美、赵铁铮、周俭、陆健、汪亚雄、罗怀利、忻苹

苏州河梦清园选址于市中心区苏州河老虎爪湾段南岸的半岛地块，占地约8.6hm²。其周边区域"两湾一宅"已成为市中心高密度开发的中高档住宅区。梦清园的建设无疑为这些滨水社区增加了一块可呼吸的绿肺和可代谢的绿肾。

梦清园在总体规划上以水体的净化再生为主题，整个公园分为室内展示区（由产业建筑保护改造）、环路内室外展示区（含人工湿地与人造风景林）和环路外的滨江景观带（由石阶竹露、曲水梦清等九个小景区连接而成），满足人们游园、休闲的多重需求。

总体布局采用"一心、一环、两轴线"：以活水广场为重心，以主环路为纽带串联景区，环路既为一、二期工程分界面，又为景观沟通与联系的桥梁。总体建构景观和文脉科普两主辅轴线。

在梦清园设计中，对基地内现存的建于1933年的近代优秀产业建筑群，针对老建筑的不同保护级别分别做出全盘保护和局部保留的灵活处理，并根据科普和景观的要求赋予它们新的功能及相应细部形式。改造后的产业建筑将成为室内展示中心，临水景观平台、啤酒沙龙等，而三个建筑围合的院落空间将用折线形的溪涧，勾勒出昔日场地的轮廓，隐寓文脉主题，院内布置了人工湿地过滤床和下湖鱼池则与室内的活水展示相互呼应。

对于基地上原有的少量植被亦采取了尽可能保护和就近移栽的原则。

从公园西南区河道上游方向设取水口，经溪涧的爆气复氧、人工湿地过滤床等物理、生物净化流程，使水体达到景观用水标准。净化后的水用于公园人工瀑布、喷泉、湖泊等水景，绿化灌溉，以及地下设施的冲洗之用。多余的水通过公园东北区的星月湾排入苏州河，使更具有活力的水体回到河流，入归大海。公园尽量利用大面积地块布置品种繁多的植被，核心区大量建设生态效益高的复层式混交林，乔木、灌木、草本植物的穿插运用，在高强度开发的城市中心区域增加一片浓绿。

在活动休闲场所的设计中，注重生态与舒适的目的。

在绿化种植设计方面，以植物多样性和适地适树原则，园中共选用了160多种植物，其中包括优良的乡土树种和一些近年引进的新优品种。

公园在追求艺术品质的同时，亦高度重视作为工程技术的可操作性、安全性与创新性。

地下车库主入口与公园呈立交方式布置，人车在空间上分流，内外功能区分明确，为游人保留了完整安全的休闲场所。

由于公园3/4的界面是临水的，设计充分重视亲水场所的安全。在长约1km的沿河亲水布道上，均设置了栏杆，材料选用钢和安全玻璃，轻盈通透，分而不隔。

梦清园又是上海21世纪市中心建设的科普性公园，不仅在水体净化再生方面重点体现，在建筑小品、水电设施等亦作了不少有益的尝试。钢筋混凝土建筑、钢结构建筑与空间张拉膜的有机结合，在建筑外观和细部结构上有所创新；部分园林灯具选用太阳能蓄电池庭院灯，草坪的喷灌选用新型的设备；人工湿地周边的绿地里尝试用喷雾来创造别具特色的绿地氛围。

西藏日喀则扎什文化广场

设计单位：上海市园林设计院

主要设计人：王钟斋、朱祥明、赵忠、杨军、鲍承业、陈惠君、韩莱平、江卫、莊伟

西藏日喀则市扎什文化广场建设项目是2001年经中央第四次西藏工作会议交办上海市政府的重要工程项目，也是上海市政府第三批援藏项目的首项工程。

本工程项目占地面积4.38hm²，位于西藏日喀则市中心的珠峰路西端和历史名刹扎什伦布寺南面，其主轴线与扎什伦布寺中轴线贯通，主广场呈对称布局，工程绿化率高达50%。

扎什文化广场主要由文化广场、文化长廊和休闲区三个部分组成。其中文化广场总面积1.6万m²，占地约30%，为本工程的主体景观，由广场、演出台、旱喷泉和组雕区组成。广场由当地硬质石材铺成；演出台建筑面积1000m²，设置近500m²大型露天舞台。舞台背景设置10m×6m的大型室外电子屏幕。旱喷泉区以日喀则地区平面为中心，为世界最高地点的人工喷泉区；以藏胞活动和旅游为中心主题的组雕位于广场于寺院人口的交合处，形成了两者之间的过渡空间。

文化长廊区占地约9.2%，以藏族特色为主，设置高能纤维的薄膜亭，融合了现代和传统的内涵。

休闲活动区占地10.0%设置绿化小品和购物、厕所、集散等功能设施。

本工程设计注重总体规划的设计理念，在尊重藏传佛教文化的同时，努力挖掘藏族民族文化，塑造融于环境之中的文化广场。

文化广场的南北向中轴线与扎什伦布寺的轴线重合，东西向副轴线与城市主要道路重合。

整体景观以现代城市公共开放空间的处理手法为特征，点、线、面相结合。总体布局严谨，功能清晰，中心稳定，二翼动感。

本工程在诸多方面提倡藏胞民族特色的应用，努力塑造民族大团结的形象。

广场的铺面材料经过一年多的考察论证，采用了西藏日喀则地区出产的本土石材，强化了地方材料的应用；在主要景点汲取使用藏族的民族吉祥图案和题材；色彩设计上提倡民族用色。

本工程伊始，设计和施工联手，先后在陕西、青海、四川、贵州和拉萨、江孜、亚东等地观察并选择适合工程需要的植物品种，并进行移植测试。工程设计应用植物品种达45种，组成了仅次于罗布林卡的植物群落。

本工程引入大型户外电子屏幕达10m×6m高，是目前中国安装在最高地理高度、最大面积的电子屏幕。本工程使用的薄膜材料都经过抗老化和抗寒试验，从而适应高原的气候条件。

润扬长江公路大桥南汉悬索桥南锚碇基础与基坑监测

设计单位：上海申元岩土工程有限公司

主要设计人：裴捷、毛家跃、曹晖、郑世明、郭斌、徐骏

大桥为目前国内第一大悬索桥，其南锚碇施工首次采用人工冻土法新工艺。南锚碇基坑面积为69m×54.6m，开挖深度29m，围护采用排桩（钻孔灌注桩）挡土、人工冻土止水的结构形式，称为排桩冻结法。这种方法在这种深、大、基坑围护中使用，在国内尚属首次。本项监测的主要特点主要为：开拓性地建立了排桩冻结基坑工程的大型自动监测系统。本次监测设置了墙体变形、冻胀、冻胀应力、冻土壁温度等多个测试项目，共埋设安装了700多支传感器，形成测力、测温、测变形等测试断面近百条。为能全面、及时得到监测数据，监测引进2套先进的数据自动采集设备（一套用于应力、应变等测试数据的自动化采集，一套用于测温数据的自动化采集），建立了自动化监测系统，每日可即时承报所有监测数据，其信息化覆盖了整个基坑开挖影响范围。

本项目人工冻土是采用低温盐水循环制冷。冷冻管间距1.7m，预埋测温传感器提供数据。冻土温度测试，采用了智能式数字温度传感器（380个），并结合自行开发的数据采集处理软件，充分实现了数据的自动采集，使冻土壁中的所有温度传感器处于全天候的自动化控制中，及时全面掌握了冻土壁中温度情况。

经过科学整理，得出了冻土壁的冻胀形态（厚度～时间）、冻土壁与土的含水量、冻胀与冻胀力间的关系，为设计人员及时优化设计提供了技术依据。

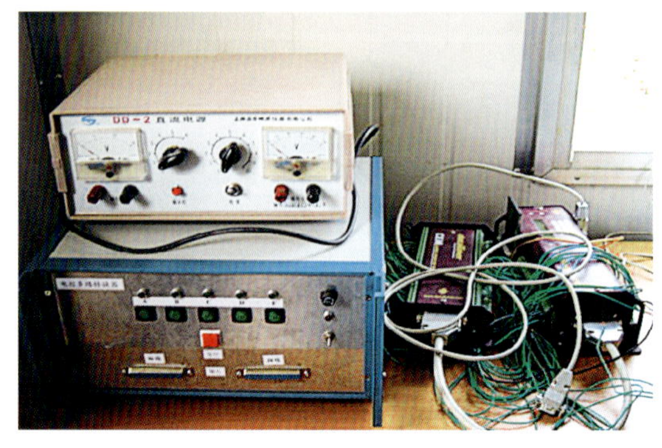

浦东国际机场二期飞行区岩土工程勘察、地基处理监测与检测

设计单位：上海岩土工程勘察设计研究院有限公司

主要设计人：金宗川、顾国荣、韩国武、张晓沪、张银海、郭春生、陈杰、黄凤荣、胡世华

浦东国际机场二期飞行区位于一期工程的东部，包括跑道、滑行区和停机坪等。拟建场地系1996年围海造地形成，近似呈南北向，长约4km，宽约300～600m，濒临东海海滨，2004年底竣工。

由于该工程时间跨度长，工程地质条件复杂，技术含量要求高，涉及的工程服务范围广。1998年开始先后完成了工程初勘，堆载预压地基处理监测和研究、堆载体调查、大面积地基处理试验检测和工程详勘工作，在上述每阶段的工作中，工作量布置合理，技术手段先进，报告资料丰富详实，分析评价正确合理，科学研究成果国内领先。仅以工程详勘（时间为2003年3月～4月）中显示的特点和解决的技术难题可见一斑。

1.首次按土性的宏观特征采用"层组"对场地土进行分组，便于设计确定重点处理对象。同时采用三维图形软件拟合场地的古河道分布特征，实现从"点"的揭示到"面"的呈现，给人以直观的立体视觉感受。

2.通过多种室内和原位测试手段对堆载预压前、后的地基土特性进行对比，从而合理评价地基处理效果，为后续处理提供技术依据。

3.对拟建场地进行了较为详细的岩土工程分析评价，特别对堆载预压后浅层土的强度不能满足跑道要求，根据本场地的土性特点和在地基处理方面的理论研究和实践经验对浅层土地基处理建议多方案的技术经济比选，其中建议的强夯＋排水法方案得到采用。

4.通过对堆载体的综合分析评价，认为可以作为其他区域填土，改变了原作为弃土的打算，通过土方的合理调配节约造价约1000多万元。

江苏沙河抽水蓄能电站工程勘察

设计单位：上海勘测设计研究院

主要设计人：刘爱实、蒋天纵、霍玉仁、王志强、陈金龙、曹云、王浩、周正国

沙河抽水蓄能电站位于江苏省溧阳市天目湖镇境内，是江苏省第一座抽水蓄能电站，装机容量100MW，在江苏电网中担任调峰填谷作用。电站枢纽由上水库、输水系统、厂房、尾水渠和变电站等组成，下水库为已建成的沙和水库，电站厂房为目前国内最大的竖井式半地下式厂房。电站于2002年7月投产运行。

本工程地质勘察包括可行性研究（等同初步设计）勘察、招标设计勘察和施工地质工作。针对水利水电工程的特殊性和复杂性，勘察工作中采用工程地质测绘、钻探、坑槽探、硐探、地球物理勘探以及钻孔压水试验、弹性波测试、室内岩土试验等多种勘探手段，并合理优化、组合，以较少的勘探工作量、较短的工期，有效地查明了电站工程地质条件和工程地质问题，并对关键技术问题提出了有价值的建议，为工程设计提供了可靠的地质依据。

抽水蓄能电站对上水库的防渗要求高，通常采用全库盆设不透水护面防渗。沙河抽水蓄能电站上水库位于一处山顶小盆地，由主坝、东副坝和库周山体圈围而成。在勘察后，查明库周渗漏条件，地质建议采取库周重点部位垂直防渗（设水泥灌浆帷幕），而不必全库盆设护面，节省了大量投资。电站运行后，经库周水位观测表明帷幕防渗效果良好。

电站的厂房设在山麓前沿的缓坡台地上，岩层软硬相间，地质条件复杂。设计采用竖井式半地下厂房，竖井总高38m，井筒开挖直径31m，结构和施工专业均希望厂房竖井能选在地质条件最优的位置上。通过勘察论证，地质建议厂房位置向上游移动20m，使厂房竖井上、下游侧壁放在坚硬、完整的熔结凝灰岩上，并被设计采纳。厂方竖井施工开挖过程井壁稳定良好。

电站的压力输水隧洞埋藏于从上水库到厂房间的山体内，长约700m（包括高约90m的竖井段），主隧洞内径6.5m，运行时要承受最大水头165m的内水压力。勘察报告较准确地进行了洞室围岩分类和围岩稳定评价，设计根据地勘成果将输水隧洞由钢板衬砌改为钢筋混凝土衬砌，仅在厂房前数十米设置了钢衬，节约了工程投资。

2005 年度上海优秀勘察设计

二等奖

上海市奉贤中学

设计单位：华东建筑设计研究院有限公司

主要设计人：张俊杰、王浩、陈红、赵新宇、雷菁、韦璞、王珏、许明印、周静瑜、张磊

校园主入口设在南奉公路上，次入口设在金海公路，以一条贯穿南北的"主轴线"联系起教学区和生活区，以外环教学区的一条车行道联系起主入口和次入口。步行人流一部分通过校园景观主轴线而进入由教学楼围合的广场空间，自由到达所要去的教学楼；一部分从校前区经河道旁的曲线形林荫步行道，可到达体育区和生活区，形成了一条滨临水面的生态廊道。人流、车流基本实现分流，创造了一个安全、舒适、宜人的校园环境。

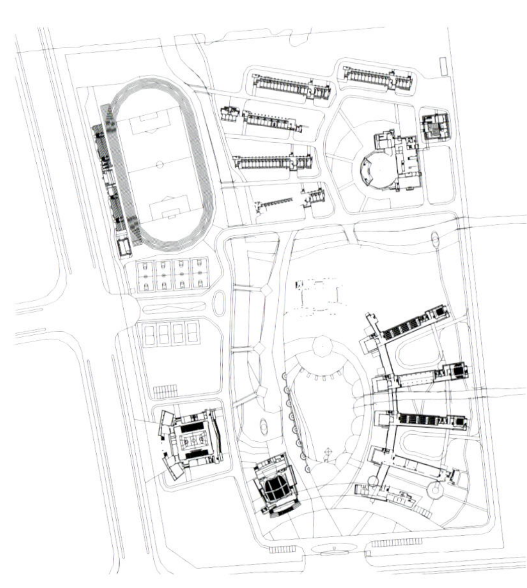

教学中心区由校园主轴线上的图书科技楼、教学楼、实验楼、行政楼以及校园主入口处的报告厅等整体建筑群所构成，并用弧廊相联系。

广场的中心是以扩大河流的水面为主要景观，结合校园内的重要建筑——图书科技楼前的集会广场，使整个校前区的人工环境和自然环境有机地融为一体。

生活区是以教学区弧形主构架的反弧线为主要结构形式规划布置的。东近濒水绿带有三幢宿舍楼，与西面两幢宿舍楼及食堂围合成一个使用频率很高的生活广场区。

教学楼、实验楼的平面设计以南面为开敞式走廊，北面布置教室，采光充足均匀，避免夏季阳光直射教室。

大空间教师办公室均匀布置于教学楼、实验楼西端，中间加以联廊，增加相对独立性。

图书科技楼以其独有的中庭为特点。生活区宿舍为北面封闭走廊南面寝室，每间寝室均自带卫生间。

建筑造型上通过体块穿插、虚实对比、轻重搭配等建筑语言，配以加强的水平线条，使建筑充满活力。

上海大学新校区礼堂

设计单位：同济大学建筑设计研究院

主要设计人：王文胜、张勇、奚震勇、王坚、李鹰、黄穗、金章才

本项目位于上海市宝山校区祁翔路99号上海大学新校区的东北角，用地面积为14509m²，总建筑面积7924.5m²。与北面体育中心、学生活动中心隔路相望，南面为教学及实验用房，处于东入口主干道与校园主环道相交的转角处。礼堂位于教学区向体育区的过渡区域，是学习空间向运动场地的空间转换点。2002年2月～10月设计，2004年4月竣工。

建筑设计包括可容纳1367座礼堂和117座圆桌会议厅。考虑到整个基地地处转角处，基地形状接近等边三角形，故在整体布局中将礼堂设计成一个倒置等边三角形构图，该形式既与现有的基地条件相吻合，又与上海大学图书馆的总体构图相协调，北面与体育中心相呼应。礼堂的空间体验不同于教学、办公建筑，公共空间，观众人流的组织和观众厅的视线设计应是设计的重点。将矩形观众厅和舞台主空间布置于较大的圆弧空间，并旋转30°平行于三角形长边，自然地形成两个三角形异形空间和两侧的线性空间。北面三角形空间布置两层高的观众主入口门厅，南侧三角形空间则布置演出和辅助用房。观众厅采用短排法，排距1000mm，座距550mm，池座可容纳观众1020人，根据疏散要求设有六个出入口；二层楼座设有350座，两个疏散口；楼座后侧设有放映、音控等设备用房。在舞台后侧设有化妆间和道具间，并在侧厅设有贵宾接待室，单独设置出入口。观众厅500HZ中频混响时间设计为1.1～1.3s，能满足戏曲、话剧、会议及多用途的功能需要。

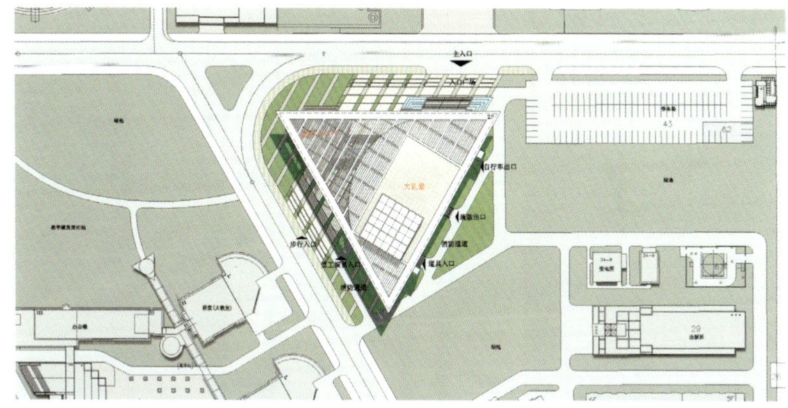

卢湾体育场整体改造及青少年中心

设计单位：上海建筑设计研究院有限公司

主要设计人：陈国亮、蔡淼、李扬、周宇庆、徐雪芳、秦志宇、杨明

该工程设计包括体育综合大楼和青少年活动中心两部分核心内容，附加以室外田径场地及足球运动场地，室外篮球场及射箭场，包括看台等多项功能。

总体设计充分利用地块及周边道路特征，布置了场地内各部分流线及各功能出入口，两体块间通过架空天桥相互连接，屋面整体处理大量运用斜线条的穿插及组合，体现出体育建筑及青少年朝气蓬勃的个性特征。

在**建筑设计**的平面功能上，有高达10余m，跨度达40余米的游泳空间，也有大开间的室内篮球馆及体操训练等体育用房，还有两百人小型剧场，同时又有长达100m的地下靶场，以及大小办公室及各专业教室。设计中合理布局柱网，选择垂直交通点，抓住交通主线，平面中及垂直方向上巧妙地串接了大小空间及多种功能。结合外部形体，灵活布置各项功能，使各部分流线合理便捷。

外墙装饰采用全幕墙设计，以0.3mm厚纯铝面板及30mm厚干挂石材为主，玻璃采用低反射中空玻璃，部分采用透明安全玻璃。看台部分顶部遮阳采用单层膜结构，采用PTFE聚四氟乙烯膜材。

在**结构设计**方面，所有建筑物均为现浇钢筋混凝土结构，体育训练大楼采用框架－剪力墙体系，青少年活动中心、足球场看台采用框架体系。基础采用桩筏基础。体育训练大楼和青少年活动中心采用Ø650钻孔灌注桩；体育场看台采用300x300mm预制静压方桩。

地下室外墙为控制裂缝，在混凝土中掺有聚丙烯高分子纤维，效果理想；体育训练大楼屋顶游泳池上采用跨度45m的钢结构半球壳体，该壳体和连接两大楼的20m钢天桥均采用相贯节点的钢管空间桁架结构。剧场为井格梁体系；田径场看台悬挑遮阳蓬应用了造型独特的单层膜结构。

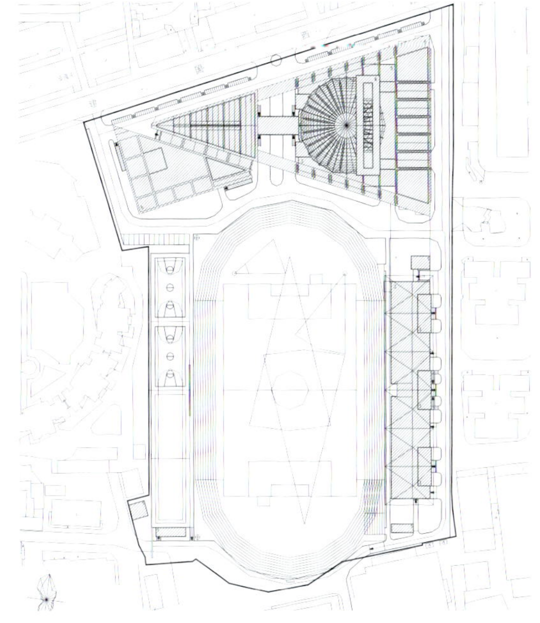

上海市第一中级人民法院审判法庭楼

设计单位：上海建筑设计研究院有限公司

主要设计人：陈民生、吕赟、邵雪珍、何自帆、陈勇、黄国强、张继红

本建筑是在上海市第一中级人民法院原址（上海虹桥路1200号）上增建的一座具有独立建筑功能的审判法庭楼。**建筑总体设计**布局时就充分考虑了在二期工程中对法院原办公大楼进行局部改建，使新建审判法庭楼与原有办公大楼沿一条中轴线有机连接，组合成一个建筑整体。

本建筑平面以新建审判法庭楼与法院原有办公大楼为一建筑整体统一构思，充分借鉴传统司法建筑的平面布局，利用原有办公大楼的底下三层建筑空间与新建法庭楼相应楼层前后贯通，并在第二层平面分三个不同标高的室内大平台形成一进深长达70m的进厅长廊。长廊两边沿中轴线对称布置“听证，调解室”等庭前准备用房，并利用长廊两壁饰以与法制宣传教育有关的图案装饰。进厅长廊近法庭一端设有一高达12m直接对外采光的玻璃顶室内中庭。整个进厅长廊为公众创造了一个体现了新时代的司法建筑空间。

本建筑平面明确划分了法官（或法院工作人员）、公众（或当事人）与刑事犯人的活动区域和不同的出入口，并设置了完全隔离的通道，完全实现了法院三种人群（公众，法官，犯人）交通流线和室内外出入口的完全隔离和相对独立。

新建审判法庭楼立面采用沿中心轴线对称的大玻璃幕墙嵌以浅色金属铝板和花岗岩的立面装饰。

本工程**结构设计**为桩基础，主楼与裙房同样桩型（Ø800钻孔灌注桩，桩长45m）。因与本工程相邻的原有建筑沉降量很大，且有些倾斜。而本工程基础开挖量大，为避免基础施工对老楼的影响，必须与老基础保持距离。整幢建筑的上部荷载重心与桩基形心也尽可能相吻合，确保基础的均匀沉降，满足主楼与裙房之间不设缝的要求。上部结构的剪刀墙布置结合了建筑功能的需要。

给排水设计采用水池－水泵－水箱联合供水方式，设置饮用水净水系统，采用过滤、反渗透、精滤、紫外线杀滤等工艺流程，并设置循环管道。

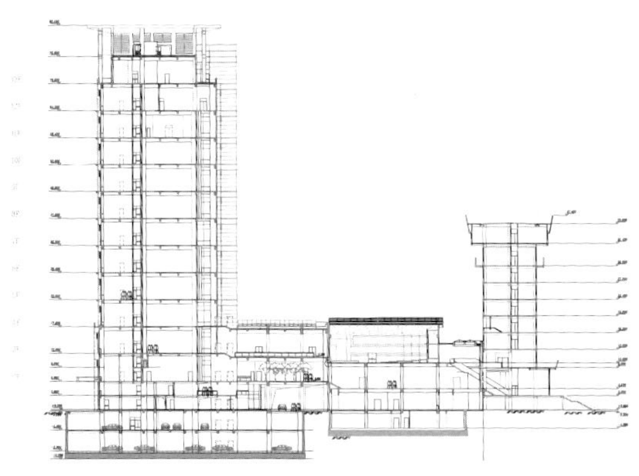

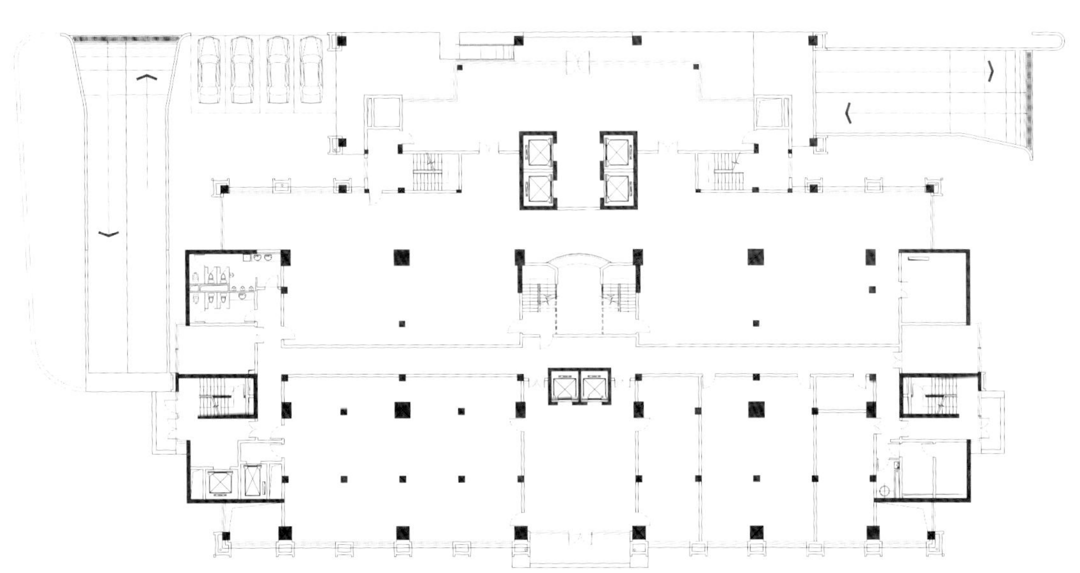

上海区域空中交通管制中心

设计单位：华东建筑设计研究院有限公司

主要设计人：朱国华、王利民、傅晋申、瞿迅、胡汉琴、左鑫、林海雄

上海区域中心交通管制中心位于上海市南郊区的滨山湖风景保护区畔，占地20万m^2，一期建筑面积15000m^2，其功能是华东地区空中飞行的导航中心。基地的东南是滨浦河及其支流河道，北面为农宅，西侧隔朱盈公路与东方绿洲相邻。主入口放在西北角，主体建筑靠基地中部偏东位置，在西侧预留培训中心（二期）场地，其它配套用房均按功能要求布局。总体环境设计结合基地原有水系，在靠近西、北及中部主楼的南面开挖河道及大面积的湖面。道路沿基地周边布置（东南为防汛通道），创造一个宁静舒适富有江南水乡景致的生态型现代化区域管制中心。

主楼总建筑面积为14500m^2，地上二层（局部三层），由工艺用房区、办公区、土建设备区及生活区四大部分组成。平面布置将生活区与其它三个区域通过廊道相连，二个区域的主入口均放在北面，南面形成宁静的办公、生活环境。通过内院来组织各功能用房，内部空间宽敞明亮，二个入口采用圆的造型，为室内环境增添了活跃的气氛。建筑外墙采用浅色铝板及透明玻璃，造型设计运用化整为零的手法，顶部的构架和格栅减弱了建筑的体重感，使得建筑与环境相互渗透。餐厅、休息区域与入口门厅的圆弧造型使得建筑更加优美。

复旦大学史带楼

设计单位：上海民港国际建筑设计有限公司

主要设计人：张皆正、许谦、沈耀、武文翔、蒋玮敏、张萍、张东

本工程原名管理学院教学楼，是MBA专用的教学楼。2002年设计。2004年底竣工。地上9层，地下1层，总建筑面积12680m²。

由于基地狭小，西有“达三楼”与成人教育学院，新建大楼只能东西向布置。MBA专用教室平面为弧形、扇形、半圆形等形式。本大楼采用了16m大跨度柱网，满足了40人、90人、110人、150人等多种规模MBA教室的自由布局。

立面设计的造型与色彩，因“史带楼”是现有管理学院建筑群的一部分，环境的协调原由故采用“达三楼”、成人教育学院类同设计手法与色彩，同时增加小面积的白色构架，局部玻璃通廊，加上曲线形水平遮阳板，显示了新楼的特色。

本工程**结构设计**采用预应力框架体系，大跨柱距为16m，大梁采用有黏结预应力，根据受剪情况略有不同。予应力筋采用1860级高强低松弛钢绞线。因本建筑跨度大，柱距差异大，故设计桩入土较深，以减小绝对沉降量，控制差异变形。

本工程空调冷热源采用直燃式溴化锂机组，设备温度由电脑控制，避免能源浪费。并且利用冷水机组自带电脑控制水泵和冷却塔起停，避免设备空转。同时利用冷水机组自带电脑控制采暖水温，避免管道无谓损耗。空调箱风机采用变频调节风量，在局部负荷时节约能源。

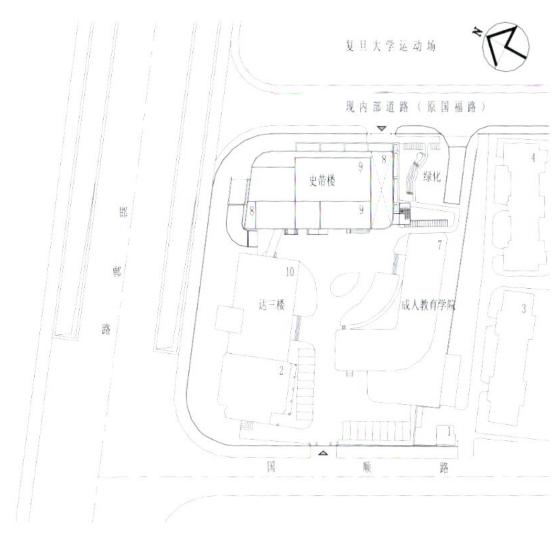

室内绿地
绿化
门厅
150人教室
斜坡绿化
上1:12
控制室
人行道
同声传译
前室
地下车库出口
交往空间
中庭上空
90人教室
70人教室
控制室
风机房
讨论室
茶水
前室

一层平面图

二层平面图

罗店新镇美兰湖国际会议中心

设计单位：上海建筑设计研究院有限公司

主要设计人：唐玉恩、刘晓平、王玮、栾雯俊、叶海东、何钟琪、麦岚

本项目为罗店新镇迎向沪太路的标志性建筑，总体设计以扇形展开的形态与半岛地形建立一种有机的内在联系；扇形的伸张面向着优美湖景；内弧面围合成前广场的界面。建筑和谐而理性地坐落在风景如画的蓝天碧水之间。

作为现代化多功能综合性公共建筑，内含会议、展览、酒店等不同功能的三个建筑体量被两组联廊连成扇形建筑形态，形成两个院落和通透的视觉通廊。设计实现了功能合理，有分有合，流线简捷，环境舒适优雅；东部整体的建筑立面围绕入口广场，西侧开敞的庭院迎向美兰湖，使建筑各方向均争取到最佳的景观。较好地体现了公共建筑与环境交融的特点。

临湖面建筑轮廓连续统一，建筑既分又合，实体建筑立面大虚大实，相似成组的景观楼梯形成垂直要素；临广场面由于体量分成三块，削弱了入口广场所需要的整体体量感，设计采用化零为整的手法，在三个体量之间设置装饰性金属百页构件，形成连续的广场界面，并且以主入口为中心对称。立面采用黑白对比的色调，白色面湖，黑色向着入口广场。大片灰色的百叶沉稳大气，强调了公共建筑入口立面的气势和作为广场界面的完整性。形成色彩个性，体现独特的北欧简约格调。

外墙主体材料采用水白色和黑色蜂窝铝板，基座采用水平向花岗石板锯齿状叠挂，垂直楼梯间檐部设置轻快的构架与挑板，开窗强调虚实对比，排列有序。玻璃幕墙采用先进的形式，构件设计轻巧。立面的大量精致的节点体现了技术的美感。

结构体系多样复杂，主体为钢筋混凝土框架，连廊为钢结构，主体屋顶为网架，主体结构错层、结构大跨度。

整个给水系统采用一套恒压变频机组热水采用集中供热系统，热源来自常压热水炉高温水，采用水－水热交换器换热后送至各用水点。

室内排水为污，废水分流，采用专用透气管，厨房废水经油水分离器处理后排入污水管道，室外雨，污水分流。

电气设计采用两路10kV市电供电，另设一台560kW柴油发电机作备用电源。变电所内的高、低压系统采用一套先进的能量管理系统，并与BA联网。

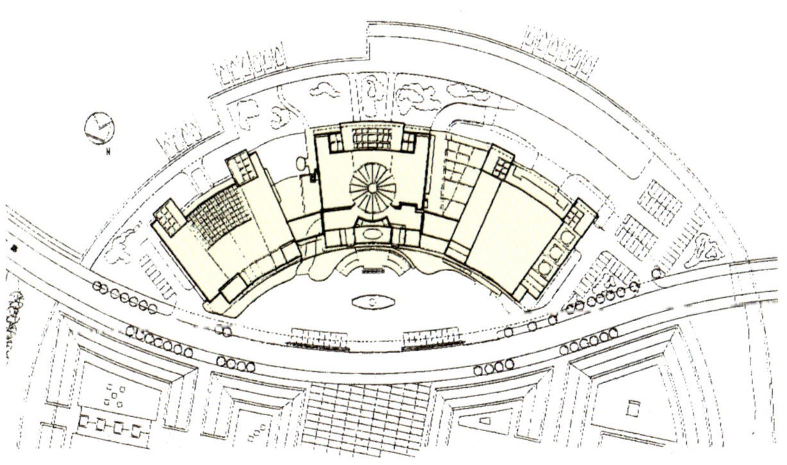

上海震旦国际大楼

设计单位：上海市建工设计研究院有限公司（日本株式会社日建设计、同济大学建筑设计研究院、海文斯钢铁公司合作设计）

主要设计人：卢济威、李茂海、沈德宏、茹国和、伍建华、王红兵、陈萱、顾樯国

本工程的设计特征之一是增添浦东新区陆家嘴金融贸易区的景观价值，为甲级智能化的办公大楼。

总平面设计的建筑布局将主楼与副楼成倚角之势，以主楼大弧面玻璃幕墙面向黄浦江展开，使世界上最大的楼宇LED屏幕，能得到最好的观赏效果。同时也为主楼内办公室取得良好而又开扩的视野。交通流线紧凑合理。

建筑单体平面紧凑合理，室内装修高档雅致。平顶上灯具、风口、自动喷洒头子、烟感报警器等各种设施与平顶装修设计密切配合协调，布置美观整齐。37层主楼与6层副楼之间以玻璃顶棚的大厅贯通2～4层，在外形上成为主副楼之间的衔接，内部是一个明亮开敞的入口大厅。

建筑形体简洁，比例恰当，富有个性。底部采用石材表面，有力烘托了上部的金色幕墙。此幕墙中上部与由计算机控制的LED灯光巧妙结合，如夜，成为一幅巨大的彩色动态屏幕，为浦东陆家嘴的夜景增美。

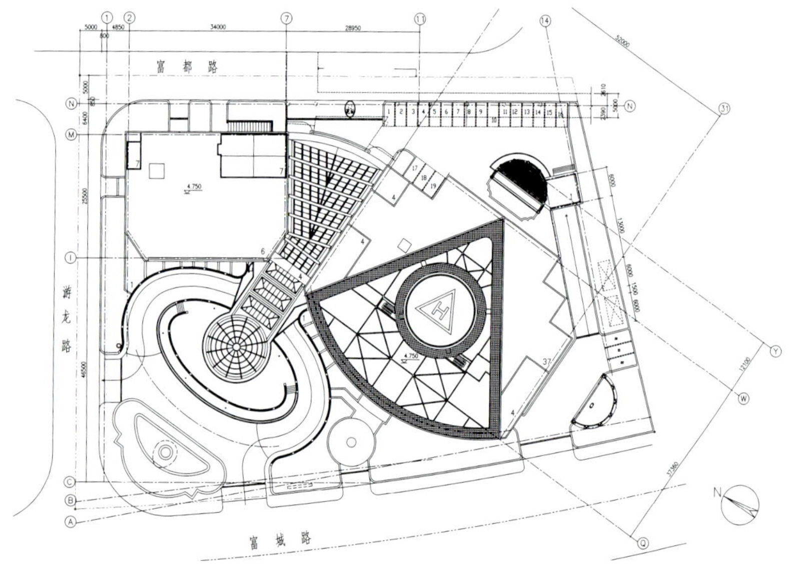

震旦
办印

上海马戏城

设计单位：华东建筑设计研究院有限公司

主要设计人：冯皓、潘胜龙、高超、徐志敏、薛磊、周莲芬、庄景乐

上海马戏城座落于上海闸北区共和新路西侧基地南侧紧靠闸北区体育场，北侧紧邻广中大园，基地占地面积20500m²，总建筑面积为32764m²。整个马戏城建筑群有杂技场、娱乐中心、辅助用房及兽房组成。建筑用途是以杂技及马戏表演为主体，娱乐、商业餐饮为一体的综合性艺术娱乐中心。

本工程的建筑平面设计上注重布局的灵活性和功能性，同时也注重空间之间的相互流通和整体呼应。如空间与广场之间的联系以及广场与杂技场渗透关系。因此在建筑形态上，尽可能做到手法简洁，层次多变，感觉新颖。部分构件的外露给空间起到了积极的限定和划分作用，突出了空间的层次感，结合新材料的运用使整个建筑物富有较强的时代感。

由于该基地平面很不理想，在该基地东面是本项目唯一通向城市干道的一侧，共和新路又是闸北区极其重要和繁忙的道路。所以给设计带来很大不便。为了能使单体紧凑有机、交通组织简洁明确、人车分流，做到互不交叉、互不干扰，因此设计在红线距城市干道24.00m之间开辟了一条通向广中路与大宁路的机动车专用道，缓解了本基地给城市干道带来的压力，使得本来压力很大的交通一下变了舒畅好多。人流组织主要是来自共和新路，通过广场分别进入娱乐、杂技场等公共活动场所，杂技场辅助用房入口设置于基地北侧。基地东西两端作为车辆进出，人车做到分流。

上海中医药大学迁建工程

设计单位：上海建筑设计研究院有限公司（美国Gensler国际有限公司合作设计）

主要设计人：周红、唐玉恩、宋文良、陈飞舸、周冰莲、顾坚、刘晓朝

本工程位于浦东新区张江高科技园区内，位于吕家浜以南，金科路以西，华佗路以东，蔡伦路以北地块上。基地面积为400亩（26.67万m^2），总建筑面积为15.6万m^2，其中包括地下室7,814m^2，它由教学和科研实验综合楼、图书资料信息中心、行政管理中心、医史博物馆陈列综合楼、国际交流综合楼、解剖实验室、动物实验室、体育中心、生活服务用房等建筑组成。

建筑设计强调鲜明的格子系统，并整体融入自然的柔和。校园的设计，格调鲜明的南北向主轴，交汇着次要的东西向轴，为主要建筑物提供理想的位置。校园内建筑与不规则形状绿地和水区的组合，强调着二元化调和的特色：人工的环境和格子系统，巧妙地融入自然具有的朝气和内在的活力。

主轴和次向轴均承担重要的车辆交通，而在旁边则有遍植树木的人行步道，共同构成校园的鲜明景观。车辆的入口共有三个。行人则可透过的格子系统，由一个共同的徒步环道贯通，促进循环不停的交流和互动。主要的货物运输设有沿河的货运兼消防通道，与一般车辆分开。此外一系列次要的人行步道，更加突出了遍布整个校园的格子结构。这些格子结构的交会，以及两个主要的轴，提供了多个由包含水区、石头、草地、植物和树木的景观元素构成的花园。栽种的2000到3000株各种树木，成为构成这些花园之辽阔奔放绿地的主题。

结构设计中，体育馆的网架采用螺栓球节点的网架形式。图书馆采用10层主楼与3层裙房整体布置，不设沉降缝，主楼部分由于拥有两个核心筒体，加上书库的质量较大，使得整个建筑物的刚度和质量中心偏向主楼一侧，设计特意在裙房的远端处设置了第三个筒体，并且加大了该筒体的刚度，加强了裙房楼板的刚度，使整个结构的刚度中心和质量中心尽可能移到建筑物的中心，减少扭转不利对整个结构的影响。

科研实验楼的3#～5#楼地下室为整体不设缝的地下室，南北宽度为30m，整个地下室的外墙抗裂设计采用了增加预应力钢筋来抵抗温度应力，沿整个外墙高度设置了3道预应力钢筋，另外在地下室的顶板也设置了一部分预应力钢筋，从实效看是成功的。

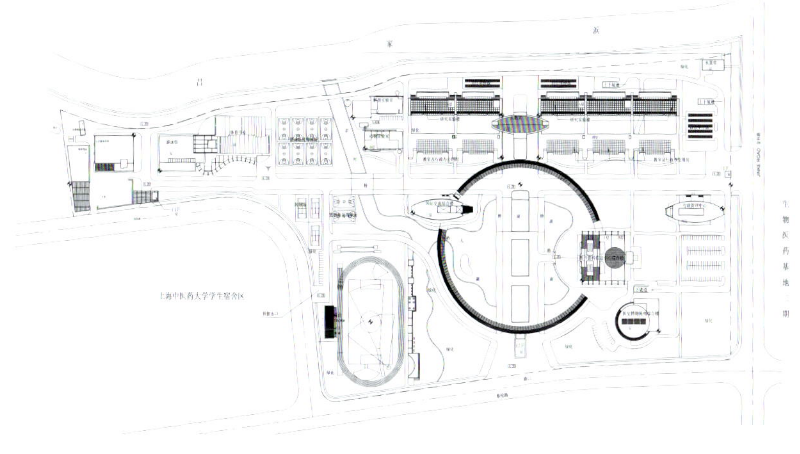

黄山新城D街坊中学

设计单位：上海中房建筑设计有限公司

主要设计人：董军、张洛玲、龚革非、丁勤、董宁祺、吴忠林、吴洁

本工程位于浦东新区枣庄路东侧，基地呈不规则的五边形，占地面积23106.5m²，总建筑面积15060.7m²，为30班全日制中学。本工程结合环境特点，因地制宜，精心布局以节约用地，建筑群围绕运动场地呈"L"型布置，从南到北分别为教学楼、行政楼、实验楼、食堂体育馆等区域。各功能区域围绕各自的内院围合布局，并通过每层的连廊将各区域连成整体。教学楼、实验楼主体均为南北向单廊布局，均具有良好的采光、通风条件。行政楼主体呈弧形连接两侧的教学、实验楼，并在垂直于弧形主体的轴线上布置了合班教室及设有玻璃顶棚的开敞式活动大厅，形成整个建筑群的中心，其东北端为学校的食堂（底层）及室内体育馆（二层），并配以绿化场地形成了优美、舒适的校园环境。

本工程**结构设计**采用全现浇钢筋混凝土框架结构体系。故设计通过设置沉降缝，使其成为平面及竖向规则结构。基础采用桩基，体育馆、合班教室以普通钢筋混凝土梁板式屋盖，以节省造价。

在**照明设计**中尽量采用高光效、高功率因数光

源以及高效灯具，使照明各项指标均达到良好效果。

四幢建筑共用一套生活给水系统。选用高效节能水泵，节水型卫生器具，节能节水效果明显。

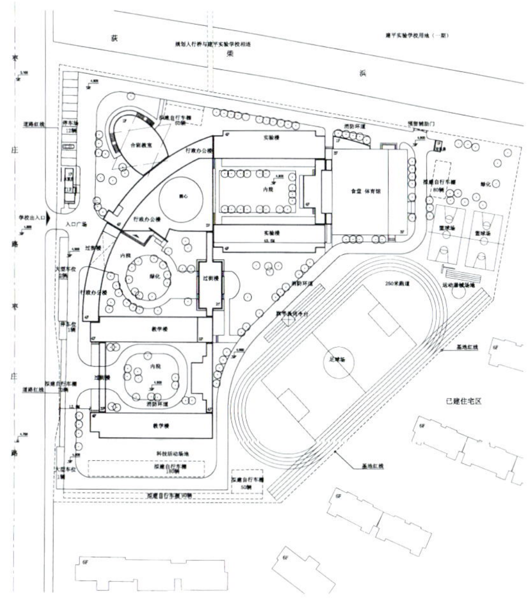

上海技术物理研究所红外光电实验大楼

设计单位：中国电子工程设计院上海分部

主要设计人：蔡克屹、李佩琴、周晓伟、林海、常青、黄立勤、腾学江

本项目位于上海技术物理研究所的中部，处于研究所科研区中心位置处，规划用地为梯形状，南边长约150m，北边长约170m，东边长约75m，西边长约78m，规划用地面积为11100m²。东临东体育会路，面对所区南部主入口。平面呈L型布置，建筑主体东西方向长110m，由办公楼及三栋实验楼组成，建筑物造型运用建筑体块的组合及幕墙与实墙虚实的对比，展现出一个具有现代科技水平的实验大楼的形象。

由于本项目的功能特点具有工艺流程复杂，生产环境要求高。项目的设计过程中在空调净化、防微振、节能方面采取了多项措施，满足了功能的要求：

由于实验室某些区域有较高洁净要求。设计中，采用垂直单向流，顶部满布高效过滤器，液槽密封，气流空调器处理后，送到高效过滤器顶部的静压箱，经高效过滤器过滤后送到洁净区；回风经侧壁回风口下回后，经二次回风回到空调器等空调净化措施。达到区域净化级别为100级、1000级、10000级，满足了实验室今后的使用要求。为防微振，柱网设计6.3×7.2m；基础采用预制钢筋混凝土方桩支承的整块筏板基础；有减震要求的设备基础采用隔震基础。空调系统采用了二次回风的回风方式，节省冷负荷和夏季进行温度调节时所需的热负荷。

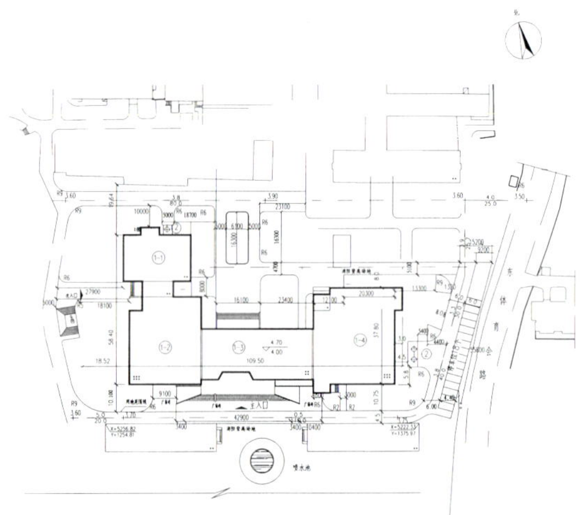

南汇文化中心

设计单位：同济大学建筑设计研究院（法国夏邦杰建筑师事务所合作设计）

主要设计人：任力之、王玉妹、郑毅敏、盛荣辉、杨模荻、田盛松、葛建忠

南汇文化中心是一座集博物馆、文化馆、影剧院于一体的综合性建筑，位于惠南新城东城区C1–D、C1–E地块，东至靖海路，南、西、北至街坊道路。建筑面积12675m²，共三层。2001年7月设计，2003年12月竣工。

本项目的总体布局紧凑合理，**建筑设计**的造型丰富多样、协调统一。博物馆以花岗石实墙面为主，上面均布凹洞，丰富了外墙面的肌理和光影效果；文化馆的外墙汲取了现代建筑设计理念，局部红色块面的穿插运用，使之更具热情与活泼；影剧院的立面结合内部空间，强调大实大虚的对比，弧线与直线的对比，同时配以多层次的空间表述，使之兼具气势与动感。

由于文化中心集多种功能于一身，平面及立面复杂，超长超宽，在**结构设计**中，以适当部位设置了变形缝（兼抗震缝），改善了结构的抗震性能。除了常规的框架结构作为主要结构受力体系外，在部分大跨度构件中采用了后张预应力技术，以减小构件的挠度和裂缝。在剧院的大跨度屋顶部分采用了钢网架。

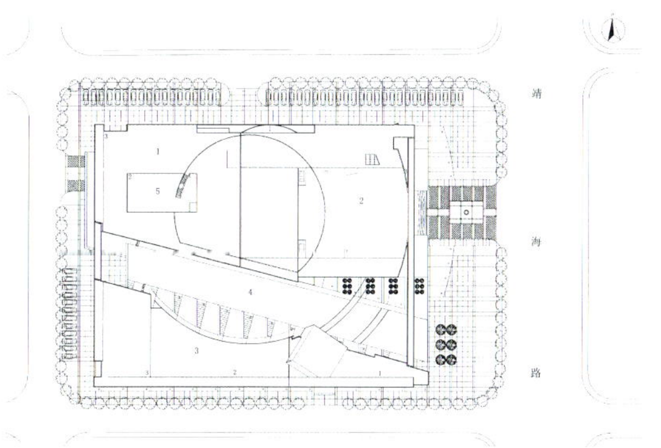

文化中心**空调设计**分成三个独立的系统。空调冷热源采用空气——水风冷热泵机组。对演员宿舍等房间采用变频、变冷媒的多联空调。空调水系统为双管异程式。

文化中心设置专用变配电所，系统设计采用两路10kV独立电源同时供电，互为备用（指二级负荷）。

弱电系统设计包括综合布线系统；电视监控系统；有线电视系统；背景音乐及消防广播系统；火灾自动报警及消防联动控制系统。

天主教上海教区主教府改造（圣爱广场）

设计单位：华东建筑设计研究院有限公司

主要设计人：凌本立、张凤新、郑刚、徐律徽、毛信伟、茅颐华、王小安、刘毅

天主教上海教区主教府改造项目（圣爱广场）位于上海著名的徐家汇商业圈中心，紧邻远东最大的天主教堂——徐家汇天主教堂，整个项目由一幢27层商办楼、一栋4层商场和一座11层的主教府组成。

本项目设计的主要理念是将现代建筑的功能要求与周围特殊的环境尽可能融合，在总体布局上充分考虑对天主教堂视觉环境的保护。在建筑形象设计上，十分注重与现有教堂建筑的和谐统一，汲取哥特式建筑以及宗教建筑的特有元素加以提炼，运用于现代建筑之中。其别具特点的坡顶、细腻刻画的立面线条无不透析出哥特式建筑的神韵，与天主教堂在环境上融为一体。

设计充分考虑到天主教堂的环境要求和功能，从形态和体量上合理布局，确保沿漕溪北路对天主教堂的视线通畅；总体呈品字形布置并尽量后退，以在南侧留出地面绿化，与教堂前绿化广场取得呼应；交通组织有序流畅，功能布局动静分离、内外有别；形体组合有机协调，既充分考虑建筑单体的个性处理，又注重整体的协调呼应。

太平洋保险职业学院行政楼

设计单位：上海现代建筑设计（集团）有限公司

主要设计人：李军、周建民、赵之怡、汪立敏、张正明、申南生、花炳灿

工程位于上海市惠南新城东城区南汇科技园区内，基地面积为1232亩，总建筑面积24万m^2，总体规划将整个学院有机整合为三区一中心：学院区、培训区、专家区、数据中心。本项目为行政办公楼，设在学院区内，总建筑面积为11600m^2，五层钢筋混凝土框架结构，建筑总高度21.45m。

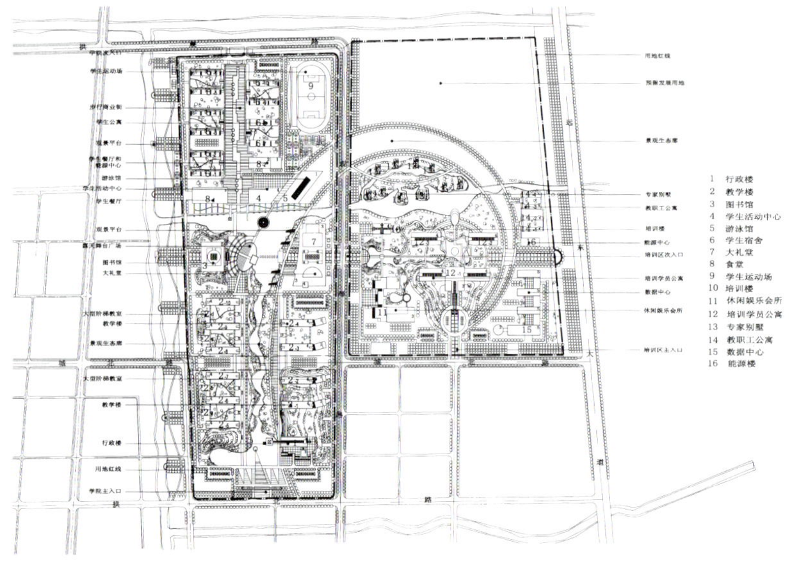

行政楼位于校前广场的东北角，与广场西北角的教学楼群隔水相望。

设计因势利导，充分运用水、阳光、优美的景致，通过办公楼的阳光中厅及水中设施的处理，使建筑融入优美环境中。

办公主楼设计了一个自然采光通风的矩形中厅，能有效改善室内气候环境条件，消除长空间的沉闷与单调。中厅的楼梯、电梯和走廊的有机处理，使内部空间变得十分丰富和有层次感。接待楼因地制宜从主楼中分解出来，置于湖中，会议楼被分解置于底层架空的南面坡地上，呈现别致的形态构图。

造型上使用"缝合在一起"的造型策略，运用统一手法将矩型、方型几何体量进行明确组合，化解大体量，赋予建筑各视点、层面，光与影、形式与材质、

办公楼与会议室的结构设计地下部分基础及地

面层为一整体，上部结构设抗震缝。

电气设计中，行政楼的一级负荷采用双电源末端自切，建筑照明体现节能、环保、安全、美观。设置设备自动化管理系统（BA），学校弱电控制中心对空调设备、变配电设备、生活水泵进行监控，显示运行状态。

楼内电话及计算机网络采用先进的综合布线方式，每层设置弱电间，内设网络交换及配线设备。

中国福利会幼儿园

设计单位：上海现代建筑设计（集团）有限公司

主要设计人：李军、雷敏、尹骏、王宇、孙建华、章捷、孙海东

本工程建成于2002年10月，位于上海浦东康桥半岛开发区域内。基地南面为区内干道，其余三面环绕三层高档小别墅，东北角划过一条河流，整个基地占地50亩，内外环境十分幽静。幼儿园总建筑面积12000m²，是上海市目前占地面积最大、建筑规模最大、功能最为完善的市级幼儿园。

本工程是集教育、学习、生活、管理、办公、文体、娱乐为一体的幼儿教育建筑组群。在**建筑设计**上力求体现：以"3～6岁的儿童为本"，从儿童的心理、生理特点出发，以儿童的尺度为设计依据，营造出一个舒适、富于想象、充满阳光的儿童乐园。

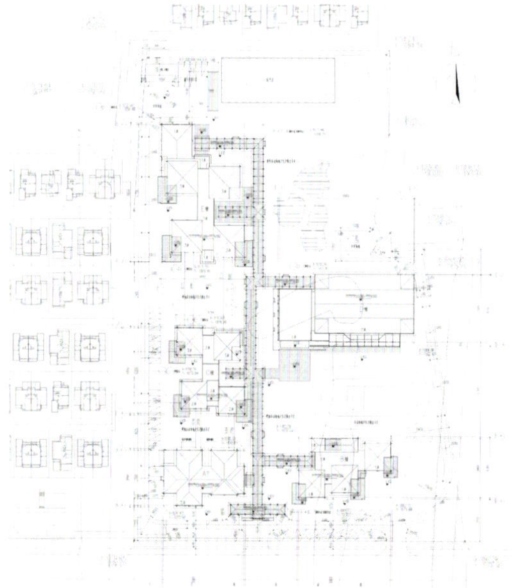

将整个幼儿园作为一个大公园来设计，通过连廊联系各个部分，达到园内移步换景的空间效果。将建筑的空间感扩展到周围的庭院中去，让幼儿园融入自然中，成为真正的"园林建筑"。

在**总体设计**上采用"化整为零"的单元组合式空间构成，将幼儿园分为行政、幼儿学步、日托、活动中心、全托幼儿楼五个建筑，为呼应周围别墅采用相同的坡屋顶形式，轻盈的挑空平台，十字柱等形式，使整个幼儿园完整和谐，清新淡雅而浑然一体。并设计一条宽敞的长廊，将散落在花园中的五个单体紧密联系起来，形成一个完整的流动空间，创造出一个生动有趣、使用便捷的"灰色空间"，保证了幼儿和老师们能风雨无阻开展丰富的活动。

各单体**结构设计**配合建筑分隔做到"内平而外凸，内柔而外刚"。框架柱隐蔽在墙内，同时尽可能均匀布置结构，协调各部分变形，在单体建筑上不设断缝。柱肢向室外延伸，配合建筑造型变化柱截面，赋予建筑以立体感及层次感。

电气设计采用2路10KV进线电源，在总体绿化中设500kVA 2台箱变。

暖通设计每幢单体的卧室活动室、行政办公等独立设置变制冷剂流量的多联分体空调机组，各室均可自行控制开、停。儿童卫生间也是超越规范采用了儿童专用卫生洁具，教师卫生设施与儿童分开设置。

同济大学医学院

设计单位：同济大学建筑设计研究院

主要设计人：周建峰、闻一峰、曹建荣、程士银、杨民、钱必华、蔡英琪

本项目地处同济大学校本部南入口附近，建筑用地面积 1.16hm²，建筑面积 2.243 万 m²，建筑地下 1 层，地上 12 层，建筑高度 49.45m，2001 年 5 月～2001 年 12 月设计，2003 年 5 月建成。

为创造一个有吸引力的校园入口空间。总体布局将建筑布置成L形，围合形成校园南入口空间，建筑形体采用主楼和裙房相互穿插，在交接处设架空层和建筑主入口。绿化空间以草地为主，辅以景观树种和少量硬质景观，提供开阔的空间感和休息交往的室外环境，架空层将校园南入口空间引向纵深，二层入口平台和大台阶是这种交往空间的延伸。医学院建筑形体，带动了校园的区域环境，建筑与环境得到了整体提升。

本项目属超限高层建筑，结构型式为钢筋混凝土框架剪力墙结构。影响整体计算的因素比较复杂，设计中采用了四个不同力学模型的结构分析软件进行计算分析。特别对大跨度转换梁作了专门分析。并对转换层开洞的楼板建立有限元模型进行分析。由于预应力转换梁最大跨度为 21.6m。大梁的变形对梁上框架和楼板影响很大，必须严格控制。经实测值和理论值相比较，绝对值相差仅0.54mm。建成后未发现构造裂缝。

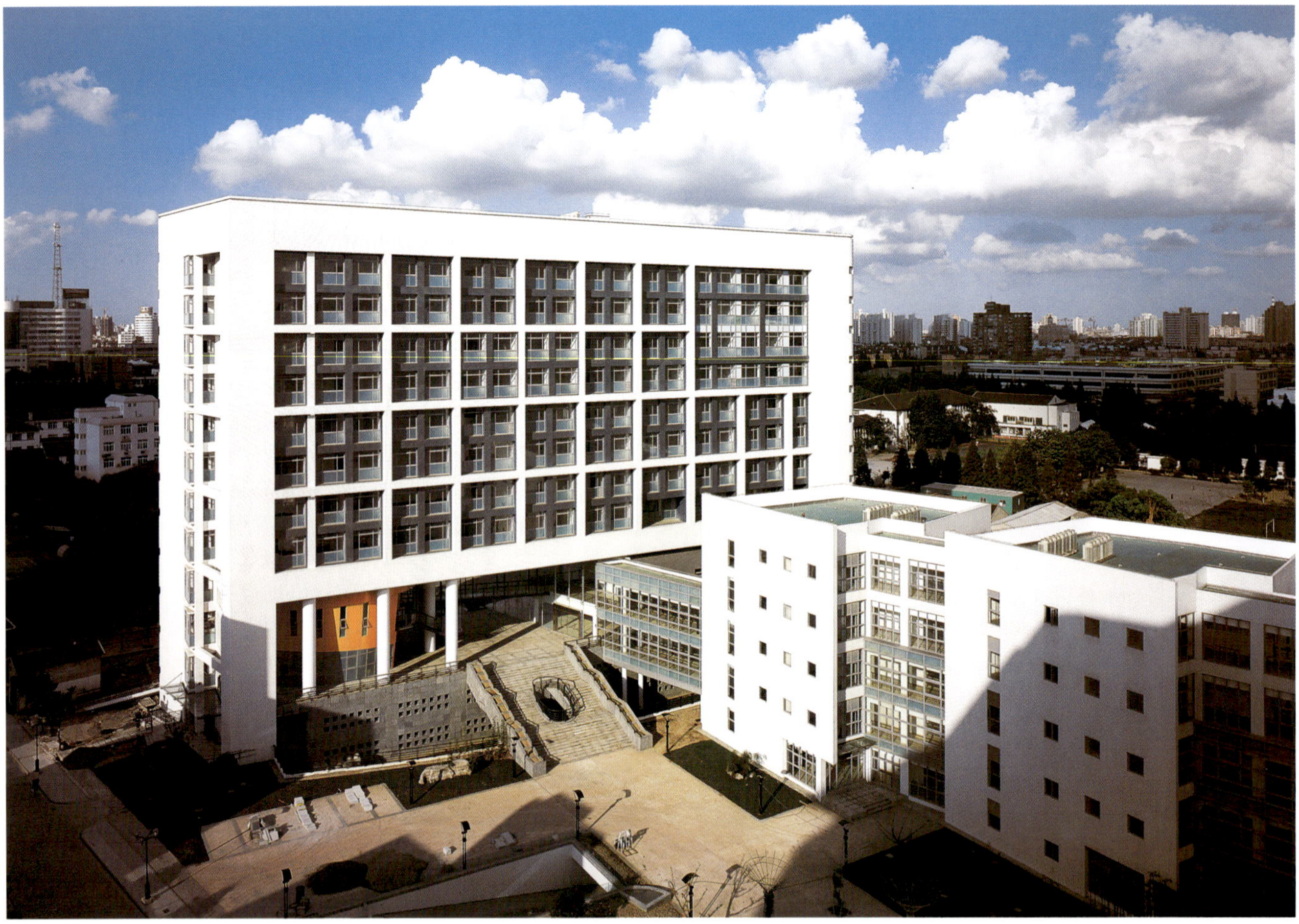

东西空间轴线
129老校前区空间轴线
南北空间轴线
1 四平路
2 129老校前区
3 东入口
4 校前区绿地
5 图书馆
6 北楼
7 南楼
8 中央大道
9 大礼堂
10 电气楼
11 研究生院
12 赤峰路
13 南入口
14 校医院
15 医学院
16 中德学院
17 商学院
18 南入口空间
19 南校区

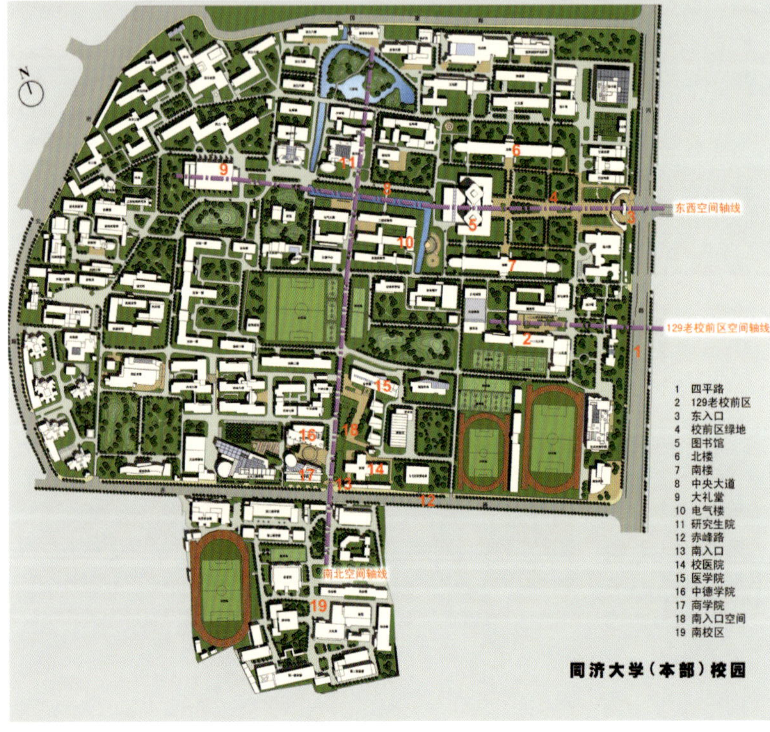

同济大学（本部）校园

上海南汇中学

设计单位：上海建筑设计研究院有限公司

主要设计人：丁蓉、张韵、李敏华、王连青、周冰莲、蒋明、唐森骑

南汇中学新校区位于南汇区惠南新城内，用地面积约350亩。东侧为远东大道，南为拱极路，北至城北路，西为学海路。总建筑面积8.8万m^2，最大可容纳学生3456人。建成后将成为上海市规模最大的公立寄宿制高级中学，师生总数近4000人，有气势雄伟的图文艺术中心；可容纳72个教学班，建筑面积达2万多平方米的现代化教学大楼和实验楼；高标准的体育馆和400m标准运动场，宽敞的餐厅和舒适的学生宿舍。

在**总体设计**中，由河道自然分成南北二校区：南校区为教学区。教学楼、实验电教楼采用"连廊生长型"围合成礼仪出操广场。中部为公共活动区，图文艺术中心和行政中心围合成校前广场。北部为体育生活区。教学部分和宿舍部分各自有可持续发展的用地。人车分流，车行干道设在外圈，保证校区内的安静。机动车停入地下车库；学生骑车停到生活区，避免穿越教学区。在南面设礼仪门，作为师生步行出入口。以学生的活动空间为主线，中央景观步行大道贯穿南北校园，各区域互相独立又方便联系。学校的绿化率达60%，三个建筑群用大片绿地间隔，河岸留出大片绿地；东北绿化带中结合围墙设连廊，学生可风雨无阻地从教学区到生活区。在人行步道和广场上设计了多种景观小品和园地。

本项目主体建筑的结构体系采用了现浇钢筋混凝土框架。音乐礼堂体育馆等建筑大跨度空间，结构上采用了轻型网架预应力混凝土梁等多种不同的结构形式。

教学区建筑注重反映老校区的文脉，适应课程改革以及生源结构的调整变化；设置可分可合的实验室及合班教室。立面上预留空调机位。公共活动区建筑都有大空间要求，采用大跨度钢结构结合玻璃，彰显时代气息；标志建筑图文中心设计采光中庭可办展示活动；从屋顶花园可眺望广场美景；南端为音乐舞蹈、书法美术教室和学生活动中心；1100座的椭圆形礼堂浮于水上，成为点睛之笔。行政楼沿中轴线布置，一层架空，礼仪大道由下穿过；由行政、网管及天文台组成，所有办公室均拥有良好的采光通风条件。体育馆东部结合了喧闹的劳技教室，钢网架屋面设采光带，白天不用开灯。学生公寓四人一间带阳台，安装空调和电话，每层设公共卫生间、洗衣房和浴室及纯水机。

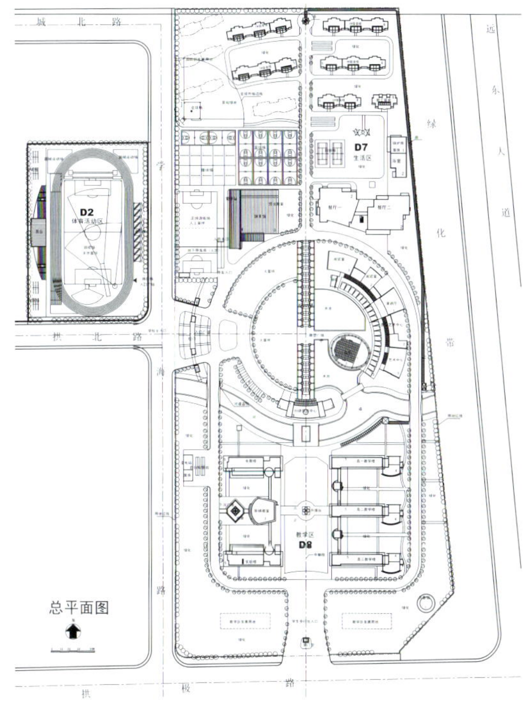

总平面图

上海植物园展览温室

设计单位：上海建筑设计研究院有限公司

主要设计人：张晓炎、沈茜、陈念祖、梁继恒、张家枡、俞俊、朱学锦

展览温室是建筑中的花园，也是花园中的建筑，它是建筑师、工程师、风景园林师及园艺师共同合作而极具挑战性的设计课题，使植物、植物生态和人、建筑空间有机地平衡配合，营造利用自然、模拟自然的人工气候环境。

展览温室作为一种独特的建筑类型，是通过人工创造适宜的气候条件用以搜集和展示各类不同植物的场所。展览温室内部布局将主、副温室展区空间不加分隔，浑然一体。主温室座北朝南，南部副温室东西向展开，从主入口相对较低而窄的空间进入宽阔的温室空间，其顶部阳光明媚，开阔的视野始终保持着与主、副温室环境的联系。前部副温室为中温中湿环境，主要功能是可更换式展示空间，以永久性栽植的植物为衬托，四季景色常换常新。主温室热带雨林风格，为高温高湿环境，展示各种神奇、有趣的热带雨林中特有景观，内部空间布局采用了下沉式（相对室外覆土）处理，地形高低起伏，观赏途径蜿蜒曲折，使观赏空间步移景异，形成独具特色的四区十景。中部两侧分别设计休闲空间，安排果吧及雅座，游人可小憩又观景；直通屋顶平台的观光电梯、各层楼梯、观景平台和空中廊桥，可从不同高度览胜内外景观，果吧户外小广场又成游人品茗、集会、婚礼等活动的多功能区域。

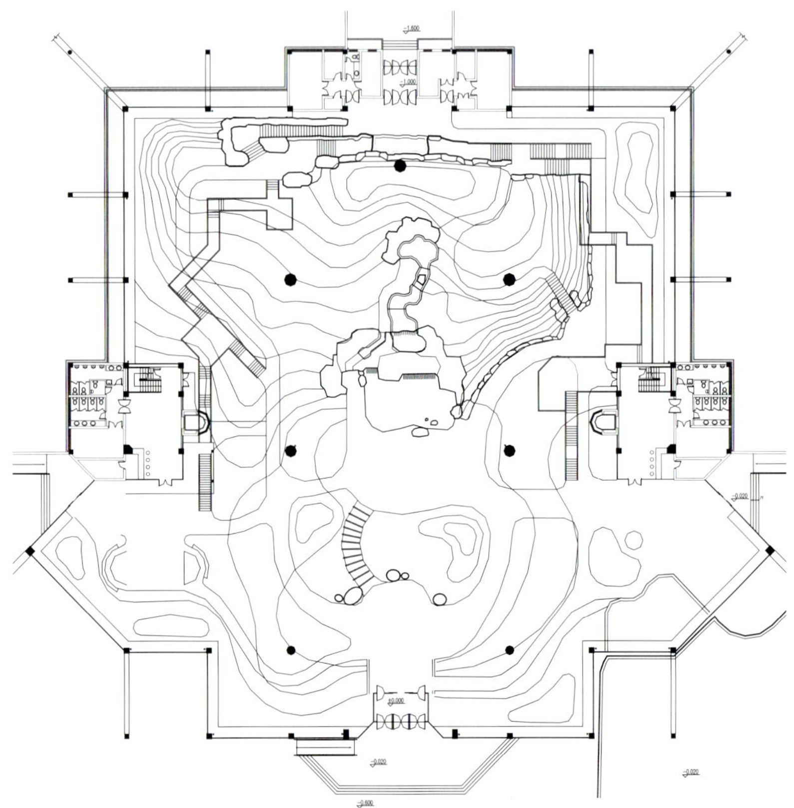

外观设计采用简洁几何形体相互交错组合，形成其独有的风格，时代感强且实用、经济、便于维修管理。温室屋面采用22°左右的整片透明玻璃斜屋面，其角度基本与太阳高度角相接近，故能争取到最大的采光面积。整个斜屋面20m以上部分，面积为600m²，正好符合主温室热带雨林区植物生长的高度要求，由于体型高低错落，而且中部局部降低，加之顶部四周设置足够面积的可开启窗，极有利于整个空间的自然通风、换气。

主体结构采用混凝土框架，基础采用桩基，屋面采用22°度斜坡的铝钛合金空间桁架，造型新颖独特，结构受力合理，材料高强轻盈，满足了建筑的美观效果要求，同时也解决了屋面结构的耐高湿、高温的问题。

设有人工降雨系统，供水泵采用变频控制，根据景观要求，调整水量和水压，有小、中、大雨三种模式。采用气水混合加湿系统对温室进行喷雾加湿，喷雾头结合景观布置，形成雾气茫茫的景观同时，达到加湿的目的。

在游览走道设有局部空调系统，热带雨林区、四季花园设有空调箱低速送风系统和风机盘管。过渡季节，空调箱将室外新风直接送至室内，加强室内气流流动，使温室内气流更均匀。温室上部设有电动通风窗和风机，温室两侧墙下部设有进风窗，可在不同情况下调节通风。

中联部办公用房翻扩建工程

设计单位：华东建筑设计研究院有限公司

主要设计人：李祥胜、王敏、陈涛、黄翔、谭奕、徐珣、钱翠雯

本工程位于北京市复兴路4号中联部大院内，规划用地13069m²，总建筑面积36917m²，其中主楼地上16层，地下2层，建筑面积31547m²；配楼地上2层，地下1层，建筑面积3584m²；地下车库一层，建筑面积1786m²。办公楼主楼主要用于接待、办公、会议等，配楼用于餐饮及娱乐健身活动，地下一层为厨房及设备用房；地下车库为单层地下室，暂时作掩蔽所。

由于用地在规划方面有退距要求，使得主体建筑必须紧靠新建会议中心布置，建筑进深无法做得太长，建筑功能上又要求必须在主楼一层安排一些大的接待与活动空间，所以设计中，通过结构转换梁的形式，获取大的空间，并通过交通组织，将它们有机地联系在一起，以满足使用的要求。中间的标准楼层设计，在不大的面积中，合理地安排了各类使用空间，使之既紧凑，又满足使用要求。特别是对超长走道的处理，在转折处墙壁上布置艺术品，避免形式单调，使其有了趣味性，增加办公环境的品味。在十六层的宴会厅设计中，充分考虑了景观设计的需要，南北两侧设置大玻璃门窗，南侧还增设一个观景休息厅，坐在室内，可使景观河及长安街上的美景一览无余。

在办公楼的外形设计中，运用对称手法，强调横向线条，使大楼看起来庄重、沉稳、大气，同时在主楼上部，向里凹进的弧形墙面处理，使之有迎合之势，使人感到亲切。

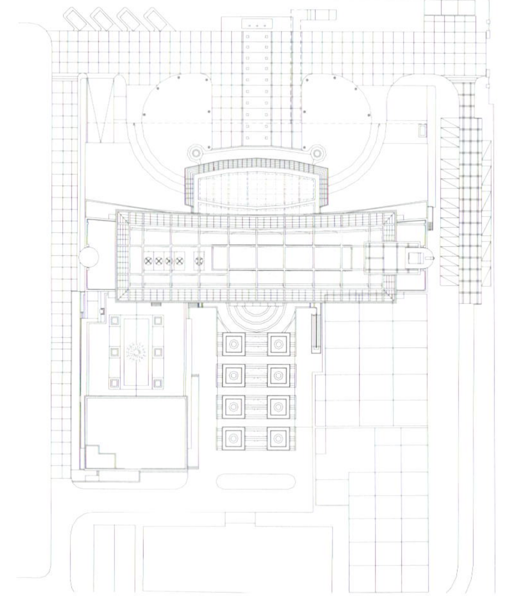

CPC

远洋调度大厦

设计单位：华东建筑设计研究院有限公司

主要设计人：沈久忍、姜文伟、袁舫、姜新华、吴文芳、赵伟樑、陆燕

远洋调度大厦由一座主体建筑高度为99.65m的办公楼和不超过24m的5层裙房组成。基地总面积：4778m²，总建筑面积：33450m²，地下2层，建筑面积4400m²，设有107个地下机械停车泊位，地下室深度达11m。

基地轮廓线呈手枪型，根据地形将高层布置在抢柄最大部位，将裙房布置于细长部位，建筑坐南朝北，消防车道环通。

底层为进厅大堂，2、3层为尚武中心，4层为餐厅，5层为中、小会议室及展廊，6～24层为智能化标准办公层。25层为咖啡厅，26层为屋顶旋转餐厅。

该建筑面临黄浦江，地处北外滩，有一定的观赏性，建筑平面由方变圆，垂直观光电梯与玻璃幕墙形成对比，朴实而典雅。东面与保护建筑一建筑红楼相邻，因而在细部及檐口处理上与红楼融谐共处。

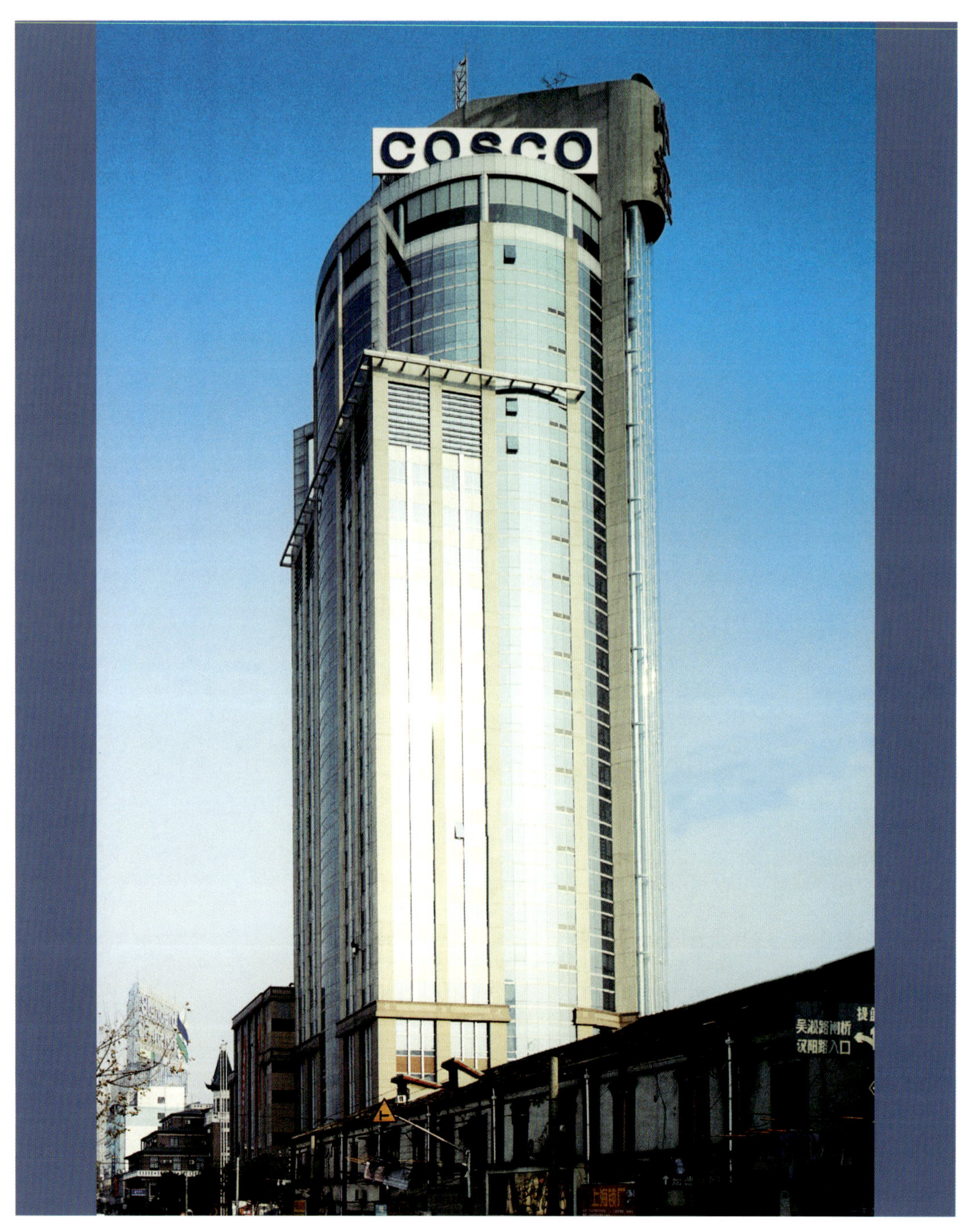

国家信息安全工程研究中心

设计单位：上海浦东建筑设计研究院有限公司

主要设计人：张强立、谈福生、鲍玉华、张林、贾晓海、王玉箱、李永谷

基地位于浦东新区张江高科技园区，北邻张衡路。总用地面积约0.658hm²，总建筑面积：6576m²。建设用地为近方型基地。总体设计以整体式布局，主建筑以三块正方形布置，空间主要划为科研，会展，行政，集中绿化四大功能分区。以竖向垂直交通核心为其间连接体，将各功能单元有效的组织起来，形成有机的建筑综合体。通过"三联方"的设计，使得各组成部分（联邦）有分有合，便于管理。以人为本的理念在规划、建筑、内装及细部设计上得以全方位体现。

本工程由科研楼、行政楼、会展中心三栋正方体形建筑组成，在建筑造型的设计中，在简洁的建筑几何形体上充分体现军队建筑造型的庄重、诚信、大方、朴素，少有张扬，不落俗套，秀在其中，不追新潮。整个建筑群的线型组合完整流畅，在满足使用要求的基础上寻求自然天成的造型。整个建筑体型相互联系呼应，高低错落，与基地的形状及建筑的功能十分贴切，符合科研建筑健康的性格特征。建筑群的色彩以冷灰色调为主，表达出温馨平和，艰苦朴素的革命军人传统。科研楼门厅出入口处运用钢构架玻璃幕墙，满足使用要求也突显重点。钢结构与玻璃相结合，增加了采光与光影效果，充满了现代的高科技气息。

本工程上部为框架结构。科研楼，行政楼为五层，四层框架，会展中心二层框架，基础采用预制长桩+桩承台。在结构上形成四个部分：楼之间建筑上由沉降缝把各正方体形楼分开，而行政楼连廊在功能上与科研楼相连，他们在结构上也由沉降缝脱开，即使两楼有沉降差，也不致产生破坏裂缝，使功能使用和美观统一起来。

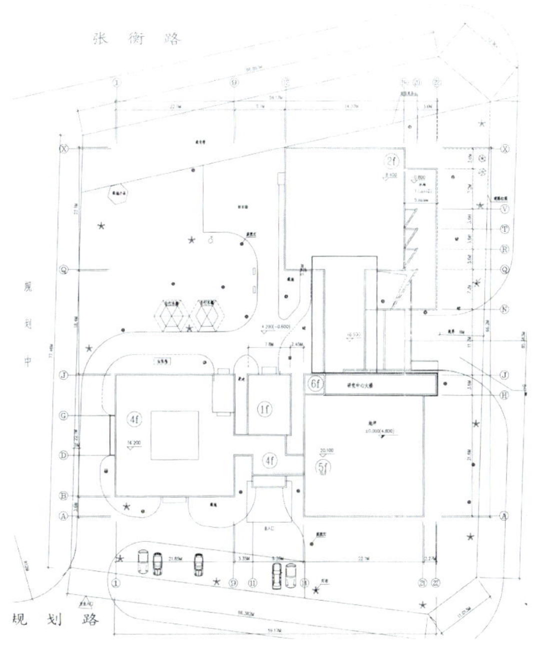

上海浦东通用汽车展示厅及办公楼

设计单位：同济大学建筑设计研究院（法国夏邦杰建筑师事务所合作设计）

主要设计人：王建强、王露莹、章旭昌、张建利、张宝娣、郭苹、武德顺

本工程位于上海浦东世纪大道和浦东南路交叉口的西南转角上。

与毗邻林立的高层建筑相比较，上海通用汽车展示厅及办公楼只是小体量的建筑。

根据三角形基地的几何特征和周边环境，建筑设计把9层高的办公楼沿世纪大道展开，办公楼的主入口布置在基地的东侧。世纪大道与浦东南路的转角处为一个半圆形的汽车展示厅，汽车展品和地下停车库的出入口，布置在乳山路上。沿着世纪大道的长边设置的一个富有上海传统街道建筑特色的3层高骑楼，骑楼内设置展示厅参观人员出入的大门。39m高的飘板成为建筑物标志性的重要特征。

建筑设计中，办公楼地下室为汽车停车库，底层为汽车展示厅，2层、3层为洽谈室，4层以上为办公室。立面的主要材料选用了玻璃，金属和铝合金板材，折射出建筑物的功能属于技术领域。

设计中，沿世纪大道展开的办公楼考虑到建筑的节能，采用中空玻璃，瑞士严实金属结构系统，并强调水平向的横线条处理。在窗扇开启部分的横向线条选用了二条突出于玻璃面10cm的装饰盖板来加强立面的光影变化。半圆形的展示大厅3层通高，下面二层使用无框弧面整体式玻璃，使展品与城市空间融为一体，上部采用铝合金遮阳板加强金属的效果和立面的机理变化。

本工程的**结构设计**，展示厅采用钻孔灌注桩＋钢筋砼地下室＋地面全钢框架结构。本工程二路10KV独立电源同时供电，总装机容量1878KW设2台800KVA主变，通式使用，互归备用。

本工程弱电系统包括有线电视及卫星电视接收系统；综合布线系统；安保系统火灾自动报警及消防联动控制系统；背景音响和应急广播系统；楼宇设备自控系统；车库进出管理系统组成。在装修阶段另设计配置音像系统、办公自动化系统、电子公告系统、物业管理系统、电子会议系统和卫星通信系统。

时时注意安全 处处预防事故

河南中医学院第一附属医院新建病房楼

设计单位：上海市卫生建筑设计研究院有限公司

主要设计人：虞玲莺、黄秀珍、邓在春、姚莉娜、汪六一、章迎钜、倪铭文

本项目位于河南省郑州市人民路19号。2001年5月完成施工图设计，2003年11月18日竣工。

病房楼规模：病床位数807张，建筑面积39215m²，建设高度91.75m，建筑层次：地上23层，地下1层。是一座集病房、医技、后勤保障等用房于一体的综合性高层建筑。

病房楼采用三角形高层主楼与方形多层裙楼结合构成。高层主楼置于基地南部，多层裙房设在北部，裙楼东面设置新病房楼主入口；北面设厨房和地下人防入口；西侧设污物出口，达到清污分流；裙楼主入口前设集散广场、雕塑、水池、绿化，创造出富有中医传统文化特色的中心环境。

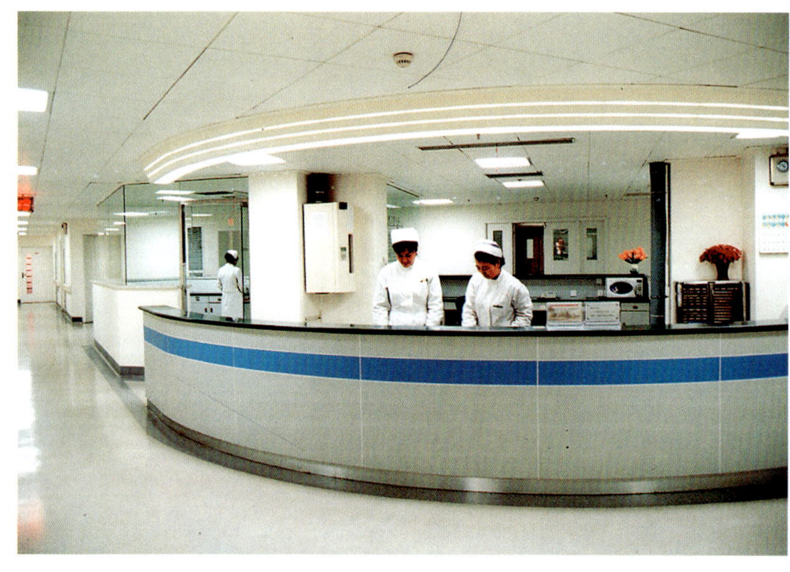

整座大楼平面布局上借助主楼中央垂直交通核心，明确分为病人护理区和医务人员工作区，既方便联系又互不穿越，开敞的半岛式护士站位于病区中央。

主楼立面玻璃带窗与面砖实墙的"虚一实"对比，以及裙楼主入口弧型玻璃门厅与方正的整体造型的"曲一直"对比。还利用大楼顶部的挑构架及菱形装饰符号传达出了一种民族风格和传统意蕴，进一步突出了新病房楼中医特色裙楼与主楼的联体设计，突出医院外观的层次感。

大楼结构设计采用桩筏基础、框架剪力墙结构体系。主楼和裙楼之间不设缝，且有2.2m层高的设备层，构造上采取了加强主楼和裙房连接部位的刚度以及加强设备层上下楼面及竖向构件的刚度等加强措施，增加了结构的抗震性能。

上海金球七宝购物中心

设计单位：上海天华建筑设计有限公司（技联组工程顾问有限公司（台湾）合作设计）

主要设计人：黄向明、吴旭、黄铮、束为辉、刘浩、许洪江、洪懿昆

本项目位于上海闵行区七宝镇。基地为一长方形街廊，其东侧面临七莘路，西侧与沪星路相邻。总用地面积为56667.4m²，总建筑面积为82698m²，地上四层，地下一层，2002年12月1日至2003年6月30日设计，2004年1月1日竣工。

本项目的总体设计以七莘路作为主要人流入口，在邻接路侧退缩约45m，留设主题景观广场，并将1～4层百货公司置于主题广场的北侧，沿着广场再退缩产生一个半径约30m的内庭，作为1～3层综合精品商场的入口，4层部分保留部分空间作为办公室使用；商场后侧，1层保留大面积的汽车及机踏车停车场，2层作为生活百货卖场及仓储区，3层设置健身俱乐部。

在绿化设计上，7900m²的主题景观广场，以环型步道搭配喷泉水景及块状植栽绿化；基地西南侧为绿化广场，以大型长绿乔木配合低矮灌木及绿化草坪为主；基地西侧及西北侧停车空间、场地内消防车道沿线，为带状绿篱，搭配点状中型乔木；从而形成点、线、面的绿化空间。

在立面设计上，以简洁现代主义手法，将骨架露明，呈现现代美学。二层以下底层商场透明化，将活泼的商业行为展现出来。利用悬吊式外廊，贯穿各类型商场，并与广场活动相互辉映。

本项目主楼采用现浇钢筋混凝土框架结构、楼盖采用井式梁板体系。由于平面尺寸较大，上部结构设置伸缩缝兼作防震缝，还加强边柱、角柱及周边梁的配筋，屋盖结构为预应力楼盖体系。桩基为独立承台，承台间设连系梁拉结。

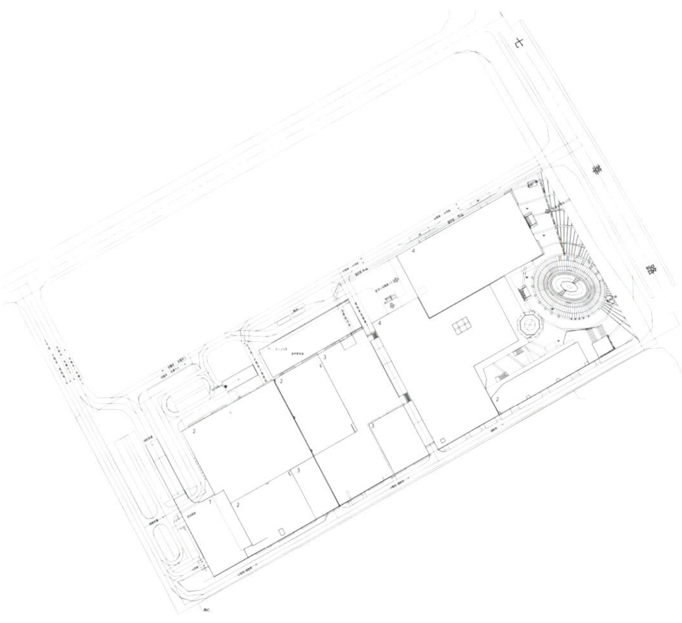

Nextmall 龍城

中钞油墨生产基地

设计单位：上海建筑设计研究院有限公司

主要设计人：袁建平、方虹、沈钺、孙元杰、赵俊、叶谋杰、周亮

本工程基地位于上海南汇区，东侧为景观河流，具有江南水乡的地域特征。公司是由多组厂房、行政中心、信息中心、研发中心、多功能餐厅等组成的综合性工业厂区。整个工业园被逻辑的网格统一成整体，多组网格之间形成多组不同特色的空间序列。

建筑设计将多组不同功能的厂房围合一庭院布置，将人员密集的车间沿河布置于东侧。厂房集中布置，相互联系，使厂房体量更为宏大，庭院、东侧河景的引入使工作者的工作氛围轻松而愉悦，营造人性化的工业园。超大的广场与巨形的波浪式厂房结合哄托出标志性的整体形象。

设计将行政中心与信息中心分而不离布置于广场北侧，将研发中心分散为三个均质单体，有序沿河布置于广场东侧，由一长廊将各功能联于一体。广场西侧为工业园的主入口。

结构设计中，主厂房采用框架结构体系，基础采用桩——独立承台基础，桩为300x300mm预制方桩，厂房屋面为波浪形造型，西端悬挑8m钢结构百页，东端为半圆型钢构架。屋面采用钢结构桁架有檩结构体系，桁架杆件采用角钢拼接，节点采用焊接节点板。为了提高空间刚度，不仅在区段两端设置上下弦横向水平支撑，而且在区段中部设置上下弦横向水平支撑，和两道纵向水平支撑。再加上上下弦拉杆及主檩、次檩，大大提高了空间刚度。

本工程完全利用市政给水管网已有水压(0.25MPa)直接给水，并充分利用室外已建筑的水景水量作为室内、外消防水源。

本工程室内所有污废水均经过二级生化处理站处理达标后再排出，完全合环保要求。工程中另设有中水处理系统，将污水处理站内出水进行深度处理作为绿化浇洒用水屋面采用了虹吸压力流雨水排水方式，解决了连续性大屋面的雨水排水问题。

上海市建筑科学研究院环境研究中心办公楼

设计单位：上海建科建筑设计院有限公司

主要设计人：张鸿儒、李颂锋、李建中、王舒璇、赵晓旭、石大年、冯哲隽

本工程位于上海市闵行区中春路和申富路交叉口，建筑面积1940m²，高3层；2003年11月完成设计，2004年11月竣工。

整幢建筑融合了自然通风、天然采光与遮阳、围护节能、绿色建材、新型除湿空调、太阳能、生态绿化、生态景观水处理、雨水和中水利用、建筑智能和健康舒适室内环境等众多方法与技术，建成一个生态建筑的研究、宣传、展示基地。

项目主要功能是实验兼办公，由于作为市科委生态建筑示范工程，加入了一些展示、交流和接待功能。为了保持预留用地完整性，本工程选址在园区西南角，紧靠道路交叉口的位置，临近园区入口。这样选址也有利于展示与参观。同时，这个办公楼也被当作一个简化的“工作俱乐部”来设计。

设计在建筑前面设置了景观水池，“临水而筑”，调节小气候。按功能分区设计内部空间和交通流线。

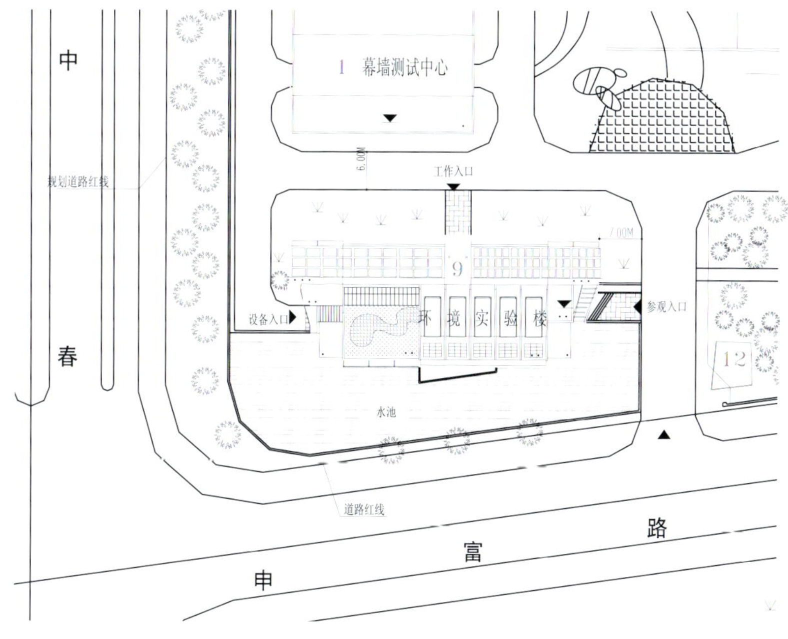

各种空间的尺度、开敞和封闭性、自然采光、自然通风、视线设计等均遵循其功能的需要。中部有一个大的共享空间——中庭，底层是室内生态绿化园，南低北高的梯形剖面，使得中庭的通风、采光作用最大化，其天窗既给北面2、3层的小实验室和办公室提供了昼光照明和冬季阳光，又使中庭绿化获得充足的自然光。2层的"跑马廊"和员工休息处紧靠中庭设置。

建筑形体考虑各种生态技术的组合与直观表现。整个建筑的大坡屋面由不同坡度要求的太阳能电池板、中庭天窗和太阳能集热板覆盖。

山墙提供侧向支撑的室外空框架，太阳能集热装置采用钢结构支架，带来了建筑构件的轻重和材质变化。

采用提高整体性、合理调整基础承载力中心的基础设计，有效控制了基础不均匀沉降。采用后张拉预应力钢筋混凝土多跨梁，改善了中厅的建筑空间效果。

雨污水回用和景观水质修复系统解决了本工程的水环境问题。

通过智能化系统实现最优的建筑运行性价比这一调节目标。

北京国华置业办公楼

设计单位：华东建筑设计研究院有限公司

主要设计人：徐维平、郑凌鸿、田芳、傅汉明、陈宁、金大算、周凌云

国华电力生产实验楼位于北京朝阳区西大望路，建筑共三层，首层为售楼大厅，2、3层为办公楼。面积不大，功能也不算复杂，但对设计有较高的要求。

本项目建筑设计，强调节制、明晰、逻辑的理性原则，总体依据基地两直角边呈"L"型布局，功能分区明确。建筑形体及立面设计中充分考虑了其对环境及室内空间形态的塑造作用。同时在建筑的材料运用，建筑色彩的设计等方面也进行了深入的研究。同时，又进行了细致的室内空间设计和室外环境设计，并将其作为建筑设计不可分割的一部分。通过对室内围合界面要素——"墙"的提炼和表现，使室内混凝土墙体、玻璃幕墙、游离的木栏板与金属隔断共同形成丰富而有趣的室内空间。并对钢楼梯、回廊、裸露的混凝土柱等功能构件加以重点地刻画。在室外环境设计中也通过对绿坡、叠水、木桥的设计，使其具有同建筑室内环境一致的空间感及场所精神。

华东政法学院松江校区图文信息中心

设计单位：上海华东建设发展设计有限公司

主要设计人：罗凯、刘云、皮岸鸿、李广良、张希、郑欣、庄智勤

本工程位于上海市松江大学城华东政法大学新校区中心水域北侧，公共教学楼南端，总建筑面积24000m²，总层数为4层。

华东政法学院老校区源于圣约翰大学，为中西合璧式浪漫主义风格，图文信息中心通过建筑形体的错落起伏及柱廊、拱券、塔的运用，营造出浓浓的古典韵味，同时采用玻璃与钢材等现代材料，体现建筑的时代气息。

图文信息中心功能上划分为教学、藏书、阅览与办公辅助用房四大部分，平面布局由北面信息中心与南面图书馆共同组成，以四层高的中庭连接。总平面为了与场地环境融合，采用了建筑群构形式，将巨大的体量化解成舒展平缓的弧形沿着水域由西自东优雅地展开，而弧形末端矗立的哥特式塔楼则是整个陈述的点睛之笔。现代的空间尺度及功能完美的融入了不完全对称的古典构图，简练流畅而大气，不仅满足了现代图书馆使用的要求，还形成了独特新颖的教育建筑风格。

形体设计采用了古典尺度的现代派矗立手法，努力营造建筑的文化特质，建筑以三段式的比例，精巧的细部，拱券，回廊在历史与现实之间建立了一种文脉上的联系，并产生强烈的修辞效果。在建筑群的东南角上高61.8m的哥特式塔楼风姿绰约地屹立于水边，构成了校园景观中的独特性标志。

图文信息中心引入了连贯的多层次交流空间体系，包括正式的，集合式的交流空间；自由的，休憩式的交流空间；遵循“以人为本”的精神，将建筑融于绿树成林的校园环境之中，喷泉流水、湖面、草地、绿树、休息座、小品等等设置提升了校园的文化韵味，塑造了优雅安静的校园氛围。

本工程楼面使用荷载大，为书库和档案库，在结构设计中活荷载取值5.0kn/m²。基础采用PHC预应力钢筋混凝土管桩，桩长19m。上部结构除塔楼（平面四区）为高层框架剪力墙结构，其他平面分区均为多层框架结构。

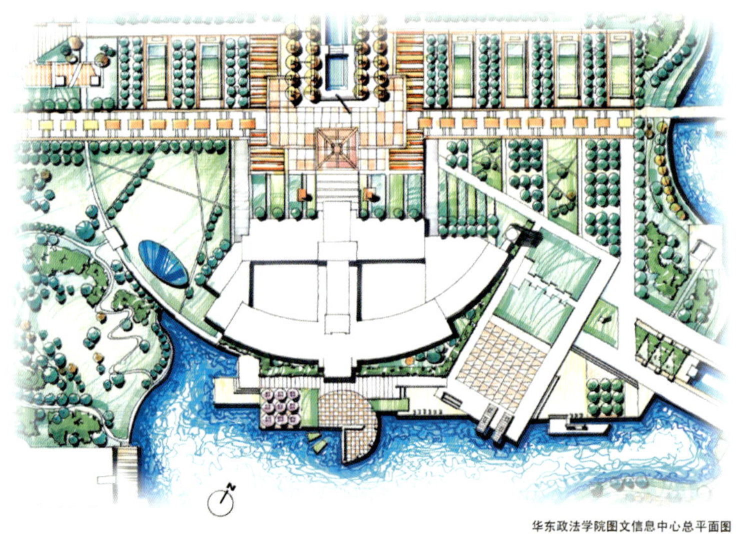

华东政法学院图文信息中心总平面图

上海市轨道交通5号线(莘闵线)设计(总体)

设计单位：上海市隧道工程轨道交通设计研究院

主要设计人：俞加康、陈文艳、傅铭、杨海、金锋、顾品玉、陆静

上海市轨道交通5号线（莘闵线）北起莘庄站，南止闵行经济开发区站（东川路天宁路口），全长17.16km，除起始点0.445km为地面线路外余均为高架线路，设地面站1座，高架车站10座，停车场1座，控制中心1座，主变电站1座，辅助主变电所1座及派出所1处。工程于2000年8月8日开工，2003年11月25日竣工试运行。

本工程中的车站设计强调安全性，零距离换乘，一线一景，玻璃恒温候车房、残疾人通道、公厕等，所有细微之处体现了人性化的设计。

莘庄站5号线与1号线的换乘在同一大厅，实现真正意义的"零距离换乘"，未来还可以在东川路同站台换乘过江轨道交通闵奉线到达奉贤南桥。车站采用"一线一景不同色"的设计方式，全线10座高架车站选用同一风格的设计方案，车站外部分别选用蓝、红、黄、橙、紫等五种鲜亮颜色，便于乘客辨认。每个车站站台两边设了一个30m²的乘客休息室，这个全透明玻璃房装有空调设施，让乘客能够享受四季如春的候车环境。

全线高架桥主要采用简支和连续钢筋混凝土预应力单箱单室梁，基本跨度为30m，桥墩采用流线型独柱，基础采用桩基。

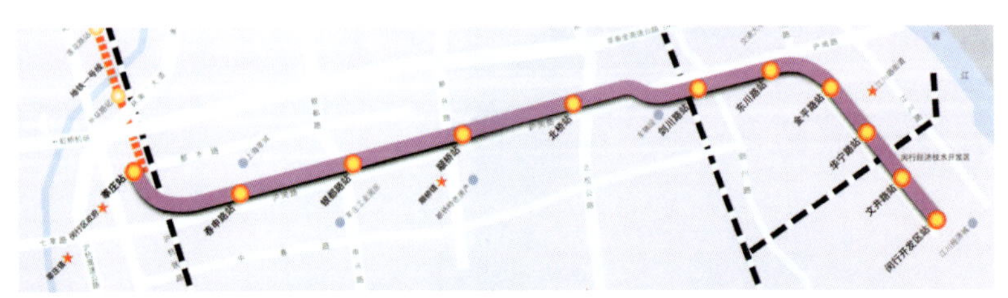

此外，特殊桥跨有：跨地铁1号线折返线桥为39+52+39m预应力钢筋混凝土连续箱梁桥；跨沪闵路桥为49+70+49m预应力钢筋混凝土连续箱梁桥。

主箱梁的设计采用30m的单箱单室梁，在满足结构受力，不增加工程投资的情况下，大大方便了施工，并加快了施工速度。

为了降低噪声，保证车辆平稳运行，保持线路整洁，高架桥上采用了无碴无枕承轨台式整体道床和无缝线路。研制试铺了减振噪型橡胶垫板，综合噪声可降低1.0～2.1dB，桥面的最大振动加速度可降低26%左右。莘闵线运用WJ-2型扣件较强的横向阻力特性，在小半径R=300m曲线地段，铺设无缝线路在轨道交通领域获得可喜成果。

供电系统采用集中供电三级电压供电方式，根据线路特性设置变电所、牵引变电所、混合变电所，增设一35KV/35KV辅助主变电所，对全线的运营供电。电力监控系统采用计算机监控技术实现电力调度的自动化。

高架轨道交通在运行中对周围环境的影响，主要是噪声、振动、电磁干扰的影响。莘闵线采用了减振降噪型橡胶垫板和防雨尘阻抗复合形声屏障等措施，对噪声防治取得了一定效果。

常州地区供水一期工程

设计单位：上海市政工程设计研究院

主要设计人：周军、王家华、闫东晗、欧阳剑、缪宇宁、殷财龙、柳健

本工程为特大型、跨区域、综合性的供水工程。实施内容包括新建100万m^3/d的取水工程，30万m^3/d的魏村水厂，湖塘水厂6万m^3/d扩建和10万m^3/d原水置换，常州二水厂4万m^3/d原水置换，供常州43km清水输水管线和供武进42km浑水输水管线。工程于2003年12月建成通水，其中魏村水厂于2004年6月通过竣工验收。

本工程在系统方案的布置上，充分考虑常州和武进供水特点，经多方案比较，采用常州送清水至城区武进送浑水至城区的系统统一取水方案。保证了新建水厂靠近用水点，也解决了常州第二水厂运河水源的部分置换和湖塘老水厂的鬲湖水源置换问题，充分利用了常州第二水厂和湖塘水厂原有水处理构筑物。本方案系统合理，社会、经济效益良好。

水厂的平面设计结合地形，节约占地面积。平面布置和高程布置合理，满足了净水厂工艺流程需要，减少了土方工程量和地基处理费用。设计将厂区布置成净水生产区、辅助性生产区和厂前管理区等，功能分明，互不干扰，布置紧凑合理。

本项目采用塑料波纹管真空灌浆预应力技术综合解决超宽设缝和结构受力问题，解决了氯气对预应力钢丝的腐蚀问题，为首次国内水池结构设计中使用的实例。

在设计中对沉井的设计理论作了改进，优化结构设计，通过多种技术措施的综合应用，沉井顺利达到设计标高，各项指标均优于规范要求，确保了长江大堤的安全渡汛。节约了工期和造价。

本工程还采用钢管桩架和抛石护岸相结合的技术手段，成功解决了大江大河冲淤变化大取水口结构布置的难题，确保了取水口的安全供水。

在电气设计上，在二处35/6.3kV系统上采用了全桥结线，满足供电可靠性要求，同时运行灵活。

水厂中各建筑物互相穿插，渗透，建筑造型平缓舒展，立面变化丰富，透出典雅，宁静的现代气息。

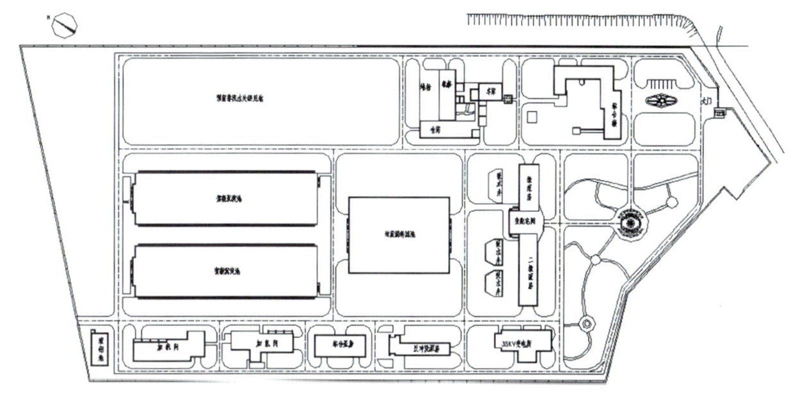

上海市磁悬浮快速列车示范运营线工程－沿线供电及牵引工程

设计单位：上海市政工程设计研究院

主要设计人：陆继诚、张震超、殷财龙、唐旭东、沈晔、刘澄波、王广平

上海磁悬浮快速列车工程是世界上第一条商业运行的磁悬浮快速列车，沿线具有大量的供电及牵引设备。磁浮列车的核心技术由德方提供并负责，但工程实施，特别是系统的合理性、安全性、设施布置形式及其实施均由上海市政工程涉及研究院负责。设计包括线圈电缆布置、沿线开关站、变电所设置、沿线动力轨供配电设计、沿线电缆系统布置、道岔供配电及控制系统、38G无线电系统。

磁浮快速列车技术采用独特的三步法分段供电的牵引模式，沿线轨旁开关站采用标准化模块设计，但其位置需通过计算确定，以达到减少投资且运行能耗相对较少的目的

磁浮快速列车的牵引模块设置在牵引变电所内，每条典型线路轨道上采用3个高功率模块，因此沿线有20kV牵引电缆（单芯）54根，其他20kV供电电缆、0.4kV供电电缆、400V直流动力轨供电电缆以及大量的控制电缆、光缆等近百根。设计解决了电缆多，且各种电缆要求不同和地形复杂，沿线路段无法破路且缺乏净空高度等难点，满足磁浮系统的要求。由于工程电缆通道长断面大，设计中经多方案比较，采用半埋式电缆沟，将电缆沟设置在二根轨道中间承台上，既满足了德方对电缆最短的要求，又节省土地，也解决了电缆沟排水的问题。

磁浮列车的动力和控制均设置在牵引变电所内，列车的所有状况均通过无线电系统与控制系统联络，设计涉及精确定位，确保在任何情况不会导致列车停运和要求信号杆顶端总位移不大于1°。两个难点。为此，设计确定基础采用独立基础，并采用了多种方法对基础进行基础变位计算，确定了基础的结构设计，达到了德方提出的变形指标，并通过了德方的拉力试验。

浙江仙居制药股份有限公司污水处理工程

设计单位：上海市政工程设计研究院

主要设计人：韩成铁、王国华、虞寿枢、刘永宁、徐俊伟、周轶、陶凤德

浙江仙居制药股份有限公司是省重点化学制药骨干企业和全国避孕药生产基地，属国家二级企业，位于浙江省仙居县仙药路1号，生产工艺浓废水水量为1200m³/d，生产工艺稀废水1000m³/d，两部分废水量共计为2200m³/d。另外，仙居制药股份有限公司还有一股含铬、含镍废水在单独处理，其中含铬废水水量为30m³/d，含镍废水水量为5.5m³/d，本工程也包含此部分废水处理，设计总规模为2240m³/d。

根据当地环保主管部门意见和公司要求，废水处理后达到《污水综合排放标准》(GB8978-1996)的一级排放标准。本工程2003年1月设计，同5月底完成全部设计，当年9月份竣工。2003年11月由台州市环境监测中心站验收，月底交付业主使用。

根据对水样的分析，该废水特征为：

浓废水中有机污染物CODcr浓度极高，可生化性较差，一般BOD5/CODcr低于0.3；由于产品品种多，废水成分复杂，含有大量中间合成产物，工艺生产残留的高浓度酸、碱、有机溶剂等原料成分，易引起PH值及污水浓度的波动，影响生物反应活性；废水中含有较高浓度的对微生物有抑制作用的重金属如Cu、Zn、Ni、Cr及生物难降解的毒性物质

设计在试验成功的基础上采用"预处理（混凝）+三维过电位电解+高效复合菌生化法"流程。

自厂区收集的高浓度废水经提升进入调节池，经过手动格栅时大部分固体杂物将被清除。在调节池穿孔管搅拌下进行水质水量的均化调节，出水由潜水泵提升进入气浮池，经气浮后重力流入三维过电位电解池。处理之后进入兼氧反应池，高浓度废水在兼氧沉淀池进行固液分离，并与稀废水一起进入MSBR池，污泥则需要回流至兼氧反应池。废水在MSBR池内经过好氧微生物的分解处理，废水中的残留有机物将进一步得到去除，处理出水可直接达标排放。

对厂区收集的稀废水通过重力流直接流入稀废水调节池，与高浓度废水混合进入MSBR池；对含铬和含镍废水通过泵提升输送进入废水处理站，进行单独预处理，经过预处理去除重金属离子后在重力排入高浓度废水提升井，进入调节池。

根据工艺设计和业主提供的污水处理站位置及本工程周围环境条件，总体设计因地制宜，注意减少污水处理过程中散发的异味对周边居民的影响。

通过本工程成功实施，减少了污染物排放，改善了当地的水环境，从而保护了风景区。

设计中，含铬和含镍废水单独处理，是环保要求，也是保障后续生化处理的必要条件，而且为铬、镍污泥的回用创造了条件；本工程运用了三维过电位电解此项技术，大大改善了废水的可生化性，B/C平均从0.3增加至0.6；兼氧池设计采用了"力普罐"技术，使得施工周期大大缩短，本工程还应用了一次性高效复合菌投加法，明显提高了污水生化处理段的污染物去除率。

萧山污水处理厂扩建工程

设计单位：上海市政工程设计研究院

主要设计人：王锡清、金彪、王瑾、王敏、贺伟萍、沈求祉、赵海金

工程位于杭州市萧山区钱江农场，距钱塘江约2km，在已建萧山污水厂（12万m^3/d）的东西两侧和南侧，是浙江省重点环保项目，设计规模为24万m^3/d，分二阶段实施，每阶段处理规模为12万m^3/d。该工程主要处理以印染和化工为主的且难生物降解物质含量较高的工业废水。2000年3月开始预可行性研究，2004年8月竣工验收，交付使用。

扩建工程总平面设计中，充分考虑与老厂的结合，按24万m^3/d总体考虑，一阶段水处理构筑物紧靠已建污水处理厂布置，东侧布置二阶段水处理构筑物，以便于分期建设。并按"花园式"工厂的目标，使其成为富有特点的工业建筑群。综合楼建筑立面采用连续的欧式圆柱，增加了建筑的韵律感。檐口处的线条处理及装饰柱的微凸设计，增强了阴影效果，使建筑细腻、精美。

扩建工程针对印染废水水质变化大，且废水中难生物降解物质含量高，氨氮和磷浓度较高特点，采用水解酸化和倒置式A/A/O处理工艺。酸化水解池内设浮筒式混合搅拌装置，其后设置沉淀池和污泥回流系统，解决了上流式水解酸化在大规模污水处理厂中配水均匀性的问题，废水经水解酸化处理后可生化性得到提高。在倒置式A/A/O反应池设置了缺氧过渡段，一旦进水氮磷浓度发生变化，可按普通A/A/O工艺或A/O工艺运行，具有较大的灵活性。

本工程各种压力进水管多达6根，设计中采用较小的压力平衡井，较好的解决了压力平衡问题。

A/A/O反应池等抗浮设计考虑桩土共同抗压作用，缩短了桩长，降低桩基造价30%。并采取掺加高效抗裂防水剂及加强浇水养护等措施。鼓风机控制采用特殊设计，减少了二次控制元器件和控制电缆；自控设计采用现场PLC控制主站与分布式I/O相结合的总线通讯方式，投资节约20%左右。

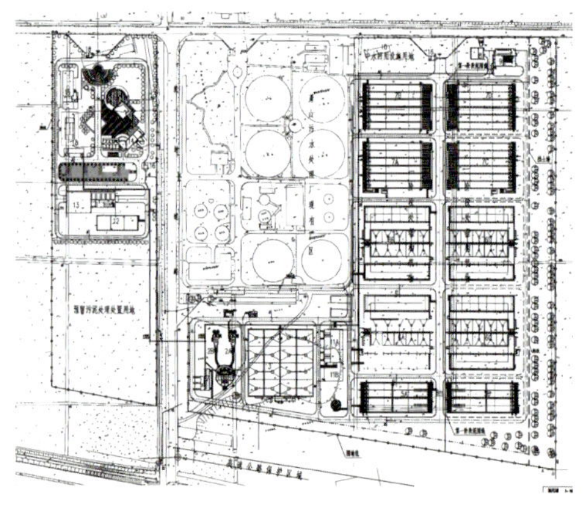

乌鲁木齐市外环线工程

设计单位：上海市政工程设计研究院

主要设计人：张胜、袁建兵、岳贵平、许海英、李宏、金德、许嘉炯

本工程是乌鲁木齐市建国以来最大的交通基础设施项目。外环路基本沿现有的城市道路线位上布设，切过各区中心的边缘，联系着重要的对外出入口，外环路由如下道路组成：

钱塘江路—团结路—金银大道—东环路—五星路—七道湾路—六道湾路—苏州路—阿勒泰路—西过境路—西山路—宝山路，全长约31km。

在设计中由交通模型分析得知，乌鲁木齐市的交通主流向为西北至东南方向，主要集中在西环和南环。考虑到老市区道路网密度较高，交叉口间距较小，在东环改建一条高标准的道路，将有利于市中心区交通分流。经技术经济分析比较，乌市外环路的选用方案为：西环、南环、东环为城市快速路（21.10km）标准，北环为城市主干路（10.15km）标准的总体设计方案。城市快速路段根据沿线地形特点和横向相交道路状况，因地制宜地分别采用高架道路、隧道和地面快速路等不同型式。外环路全线由地面快速路12.61km、高架道路7.44km、隧道0.46km、城市主干路9.66km、已建钱塘江立交和苏州路立交改建1.09km组成。全线共设3座互通式立交，2座简易互通式立交，4座分离式立交，1座辅路立交，高架匝道9条，地面快速路出入口17个，人行天桥22座。高架桥梁面积约19万m^2，立交桥梁面积约5万m^2。

本工程于1998年11月～2001年11月设计；2004年11月建成通车。

本项目设计显示多项特点：环路设计方案首次因地制宜不拘形式，由高架道路、地面快速路、隧道和立交等组成，工程总体设计技术经济合理；充分利用当地的路面结构材料，对当地改性沥青材料进行了改进，更新了混合料的配合比设计。采用了新型防裂缝的路面结构组合，节省了工程造价；本工程为当地首次大量采用预制空心板梁和大挑臂倒T型盖梁结构，大大降低工程造价；连续箱梁高架采用相同梁高等一致的外形，简洁明快；桥梁结构采用减隔震概念和延性概念进行抗震设计。在增加结构抗震性能的同时降低了基础造价，每公里高架节省达100万元；在小半径预应力曲梁设计中，充分考虑曲率对曲梁受力变形的影响，并采用调整支承偏心的方法改善梁体的受力和稳定性。

沪芦高速公路工程（北段）

设计单位：上海市政工程设计研究院

主要设计人：袁胜强、徐俊、俞明健、胡珩、蒋彦征、郭清山、李理

沪芦高速公路北起外环线环东二大道节点以南0.7km，至南果公路以西1.4km，工程位于上海浦东新区、南汇区，路线全长37.3km，全线道路红线宽度60m，主线设计车速100km/h，双向四车道高速公路。本项目为K0+000～K0+16000部分的设计内容，设计起止时间：2001年9月1日至2002年9月1日，2004年12月20日竣工验收。

沪芦高速公路是通往洋山深水港的重要通道，重型车辆所占交通比重大。设计中采用了SMA路面新技术，根据上海地区的气候条件及该路的交通特性，设计中对SMA配合比进行了优化设计，为在上海地区大规模使用SMA技术提供了必要的技术支撑。总体设计中充分优化沿线三孔及横向道路的布局，充分发挥沿线的道路网络功能，尽可能减少不必要的横向跨越；纵断面充分优化设计，减少路基填方量；立交线形充分优化，尽可能减少结构工程量。沪芦高速公路穿越水网密集地区，软土地基处理一直是困绕在软土地区修建高速公路的难题。设计中充分调查沿线地质情况及暗浜的分布情况，针对不同的地质情况，分别采用砂垫层，土工布，塑料排水板等多项技术，使软土地基处理更趋合理。

沪芦高速公路设计过程中采用自己独立编制新的设计软件RADS系统，该系统在较大程度上加快了设计速度，提高了设计图面质量。

大治河桥是沪芦高速公路工程跨越大治河的桥梁，主桥采用新颖的三肋式钢管砼系杆拱。主跨68m的主桥结构由钢拱肋、系梁、端横梁、中横梁、桥面板、吊杆、风撑及主墩等组成。由于中拱肋利用了道路的中央隔离带，因此最大程度地控制桥梁总宽。

三肋式钢管混凝土系杆拱桥在满足功能情况下，外型美观。最主要的是与同等跨径的连续梁相比，采用三肋式钢管砼系杆拱桥，在减少主桥长度（3跨连续变为1跨简支）的同时，可最大限度地减少桥梁结构的有效高度，进而大大减少引桥长度，经济性明显。

大治河拱桥内容复杂，技术难度较高，经过精心设计，采用先拱后梁的施工方案，避免了先梁后拱施工时在河中设临时支墩和支架，从根本上避免了施工期间船撞事故发生的可能。

为美化工程环境，对跨越主线的横向跨线桥采用倒T形暗盖梁形式，给人以纤细的美感，避免了桥梁粗壮的感觉，天桥采用带弧形翼缘板的连续箱梁结构，简洁流畅。

上海市轨道交通明珠线一期工程总体设计

设计单位：上海铁路城市轨道交通设计研究院（上海城市规划设计研究院、上海城市综合交通规划研究所合作设计）

主要设计人：周新六、马成功、顾惠仁、尤琪民、吴秀真、刘建红、徐正和

本工程是我国第一条新建高架轨道交通，线路始自上海南站（漕河泾）至江湾镇站，工程全长24.975km，其中高架线路21.516km，地面线路3.459km，设19座车站（高架站16座、地面站3座）。本工程还预留了北延伸工程，即往北延伸至1.5.69km的江杨北路站；并预留了上海市轨道交通"申"字形骨架网络的东半环的接轨条件，即由一期宝山路站至浦东环行回一期虹桥路站的明珠线二期工程的布局。

一期工程初、近、远期高峰小时最大高断面单向客流量分别为3.24万人次，3.65万人次及4.63万人次。初期客运量在30～45万人次，，远期客运量在130～150万人次。本工程自1997年7月1日正式开工建设，2000年12月一期工程建成通车。

本工程采用大容量的充分考虑高架轨道交通露天运营要求，可承受风、雨、雪、霜、冰和气温变化影响的带空调的铝制宽体车，采用6节编组，与一期工程同时建成的石龙路停车场，占地总面积15.02公顷。供电方式采用集中供电、三级电压供电方式。为提高供电的安全度和管理的高效率，开发研制了变电所全自动及综合监控系统SCADA，此外还设有由综合有线传输网、公务通信、运输专用通信、无线通信、电视监控、有线广播等集成的通信系统，信号列车自动控制系统ATC，火灾自动报警系统FAS，自动售检票系统AFC，全线车站设备监控系统BAS等。

明珠线一期工程总体设计涉及到二十多个专业，技术要求高，专业性强，结合工程需要还进行了十八个项目的工程科研。此外对重要设备，如车辆国产化、信号设备国产化、自动售检票系统国产化，进行了专门的研究，并首次实现了国内轨道交通通信设备全部国产化。

浦南东片出海闸及龙泉港南段河道工程

设计单位：上海市水利工程设计研究院

主要设计人：卢永金、胡欣、卢育芳、李锐、陈峰、俞相成、倪琴丽

工程位于上海市金山区，其主要功能是提高浦南东片南部地区的防洪除涝能力，调活内河水系，提高内河航道标准。工程范围北起新东海港，南至杭州湾，全长5.88km，工程主要包括一座净宽为3×10m的出海闸，5.295km河道的疏拓与护岸，沿线7座跨河桥梁。工程等别为Ⅰ等，挡潮标准为二百年一遇高潮位加12级风，除涝标准为二十年一遇最大24小时不受涝。本工程2001年7月完成设计，2003年11月竣工。

本工程在设计理念上把防汛安全、水资源调度与生态环境作为一个统一体，因地制宜，综合考虑。两岸无建筑物河段，河道结构尽可能采用经济的亲水型坡面结构；镇区河段，为节约用地及减少大开挖对两岸建筑物的影响，护岸结构采用桩基础钢筋砼结构；在下游出海段，因征地和动拆迁所限制，河口宽度比规划断面缩窄5m，并针对土质松软易冲易坍塌的地质条件，采用全断面护砌。在设计中，把地连墙应用于水闸工程中，属国内首次地基处理与基坑围护同闸室结构有机结合，巧妙解决了杭州湾强风浪、工程地质特别差的问题。

由于本工程的重要性，设计中增加了检测和监测设施，在结构中预埋了水位管、应变计、渗压计等一批仪器，以利于施工过程中的技术问题处理和验证今后的设计。

为保证排涝出流安全顺畅，防止出现拦门沙现象，防止排涝出流冲刷大堤堤脚，设计在出海口设置两道长220m的束水保滩导流堤，保证了出海闸功能的发挥。

本工程的束水保滩导流堤采用了一项获国家专利的现浇钢筋砼薄壁联体筒桩结构，为首次在上海地区应用，也是国内外首次在海岸工程中应用。

东方路~张杨路下立交工程

设计单位：上海市城市建设设计研究院

主要设计人：彭敏、徐正良、王宝辉、蔡洁茵、黄爱军、柴昕一、蔡连岳

本工程地处浦东新区东方路－世纪大道－张杨路六岔路口，是3条隧道的交点。下立交全长470m，设双向4车道，为城市次干路。于2001年7月开始设计，主体结构于2003年9月通车。

本工程设计采用新颖的专利技术，成功解决在运营地铁隧道上方进行大面积、高比例卸荷施工所引起的国内罕见的技术难题，使在已建地铁隧道上方的基坑施工处于安全、可控状态。

本项目的总体设计构思大胆，创造性地采用下立交方案解决六岔路口的交通组织和世纪大道景观之间的矛盾；并通过设置管廊，创新解决六岔路口地下管线的穿越难题，为工程实施创造了条件。

工程所在地环境条件极其复杂：有多条轨道交通隧道从下面穿过，其中运营中的R2线隧道顶距下立交底板仅2.8m，卸荷比例达到70%，卸荷的面积和卸荷比例居国内同类工程之首。如何在施工过程中控制隧道的回弹变形，确保地铁隧道的安全，是本工程能否成功的关键。为此，设计中选取了多项对策。其中包括：对地铁隧道周边土体加固，增强其抵抗变形的能力；在地铁隧道两侧设抗拔桩，限制隧道变形；分块施工，减少隧道上方一次卸载量。堆载，抵消挖土卸荷效应，抵消隧道卸荷回弹量。在采用了上述新技术后，R2隧道最大变形为17.5mm，满足有关技术规程的严格要求。本工程中所采用的技术已申请国家发明专利。

在排水设计中，采用玻璃纤维增强塑料夹砂管减少水头损失。在地道进出口处设置驼峰以防止地道外雨水流入地道内。地道内雨水主要由纵坡排水，在纵坡最低点设集水井，经泵提升后排入雨水管道。为配合景观要求，将泵房设于地下。

上海A4(莘奉金高速)公路南段工程

设计单位：上海科达市政交通设计院

主要设计人：周锡芳、李宝忠、刘瑞萍、严书丰、陈东、孙羹尧、张福绵

工程北起奉浦大桥，南至西段南段立交，主线设计车速100km/h，双向四车道，长15.11km，全封闭全立交，全线位于奉贤区。2000年6月至2002年7月设计，2002年12月竣工。

全线设置三座互通式立交(大叶公路立交、新航南公路立交和大亭公路立交，大亭公路立交分期实施)，一座部分互通立交(西闸公路立交)，三座分离式立交(奉浦大道、规划路和新林公路)。全线原有跨河桥梁16座，其中4座在立交或连续跨线桥范围内，改建的跨河桥梁共12座，另新建连续跨线桥2.137km、立交桥5座、机耕桥1座。

A4公路南段是上海市第一条由一级公路按全封闭全立交标准进行改建的高速公路。本工程设计路线走向服从规划走向，主线尽量利用现有道路和桥梁的原则，平面线形经多方案研究。确定规划中心线与现有公路中心线相结合的方案，妥善解决了与奉浦大桥近远期方案线形衔接问题，最大限度地利用原有道路和桥梁。

设计中，在新老路基搭接处将原有路基边坡挖成阶梯形，然后按设计路基宽度分层填筑和压实。为提高新老路基的整体稳定性，在填土内设置土工网。

设计综合采用加筋、应力吸收和预切缝等沥青加罩层反射裂缝防治技术等综合改造技术，并提出有效合理的技术措施，具有较强的可操作性。

在主线连续跨线桥上跨解放东路和南奉公路时，设计选用先压法拉压预应力梁，40m梁高仅为1.30m，既满足功能要求又大大降低了梁高，缩短了接坡长度。

设计还完善了公路排水设计。解决了中央分隔带和原机动车道东半幅路面加罩后的排水问题。

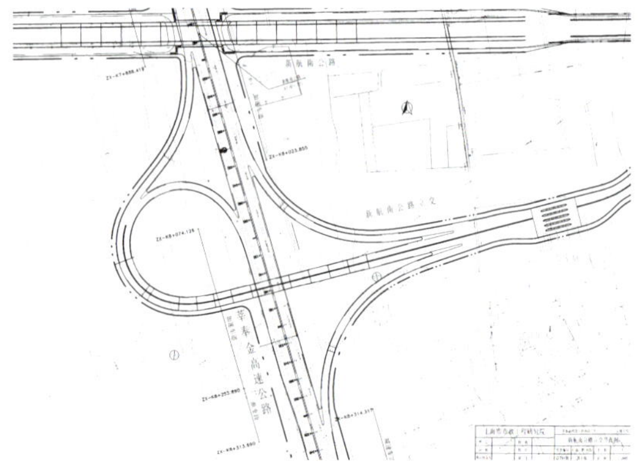

宁波大榭开发区大桥引水管道工程

设计单位：上海市政工程设计研究院

主要设计人：曹玉萍、钟俊彬、王作民、许大鹏、雷挺、郑国兴、徐琳

本工程是由宁波北仑向大榭岛供水的压力管道，管径为2根DN900，其中管线需跨越宽度为800多m的海峡，该处海峡为天然深水良港，但地质条件差，海底排管不易成槽，浅敷不能保证管道安全；如采用顶管方案，因施工不易，工程投资大。现将过海管线利用宁波大榭跨海公、铁路两用桥敷设，在经济合理性方面，都具有明显的优势。

已建的大榭公路、铁路两用大桥主桥为预应力钢筋混凝土单幅双箱梁结构，长420m，公路引桥为双幅上、下行独立"T"型预应力钢筋砼结构，墩距为32.7m，中间架设铁路桥，管线利用公路与铁路桥间狭小的空间架设在桥墩上。主桥段箱梁式结构，管线则直接设于箱梁内，二根DN900钢管以整个桥结构中心对称布置，过海段管道全线长约900m。

大口径压力输水管道沿桥长距离跨海敷设，在大气温度变化下，将产生热胀冷缩现象，打破常规做法，不设管道伸缩补偿器，充分利用上、下桥直管段吸收管道纵向变形，钢管的架设采用管道自承力体系，并开发设计新型、构造简单、安装方便的滚轮加隔振垫的特殊支座装置，让管道自由滑动伸缩，使管道既能适应纵向变形又充分解决了由于桥面行车荷载引起的振动与管道产生共振。上、下桥两端竖管支托也根据变形量设滑动装置，使整个跨越海峡的管道成为一个大型的π型管。通过管道与桥梁间合理的连接方式，消除管道纵向应力向桥墩传递，解决已建桥梁结构不能承受额外水平推力的难题。本工程设计在国内开创了大口径压力管长距离跨海敷设先例，创新设计的特殊支座装置已获专利申请号。

引桥段管线布置在公路与铁路桥间狭小的空间，桥墩跨度为32.7m，设计选用简支桁架支承压力管，桁架中间隔一定距离设滑动装置，解决了过引桥段的跨越难题又解决了管道变形问题。

设计考虑到架空管道的环境为海洋性气候，涂料采用耐盐雾、耐老化、结合力等性能均较好的水性无机富锌涂料作长效防腐底层；具有独特的不粘附性、低摩擦性和自清洁性功能的氟树脂涂料作面层，今后维护工程量及维护成本低，大幅度提高钢结构整体防腐能力，延长钢结构使用寿命。

上海市A30(A4～南芦公路、沪南公路～界河)高速公路

设计单位：上海市政工程设计研究院

主要设计人：马珏伟、郭灿华、朱世峰、洪建辉、罗强、高虹、彭铭

本工程是上海市高速公路网郊环高速公路规划中改建段，全长约50.707km。其中A4～南芦公路约29.605km（现状为大亭公路，简称大亭段），南芦公路～沪南公路约10km（简称南汇段），沪南公路～界河约11.102km（现状为远东大道，简称远东段）。大亭段近期按双向4车道布置，远东段及南汇段按高速公路6车道布置。全线平面线形、纵面线形满足高速公路100km/h行车要求。工程全线设互通式立交7座，分离式立交11座，地方非规划等级路跨线桥2座；另外全线设机耕桥10座、设人行天桥12座；设汽孔4处（其中2处现有）、设桥下机孔5处、设桥下人孔5处。工程于2002年7月开工，2004年12月竣工。

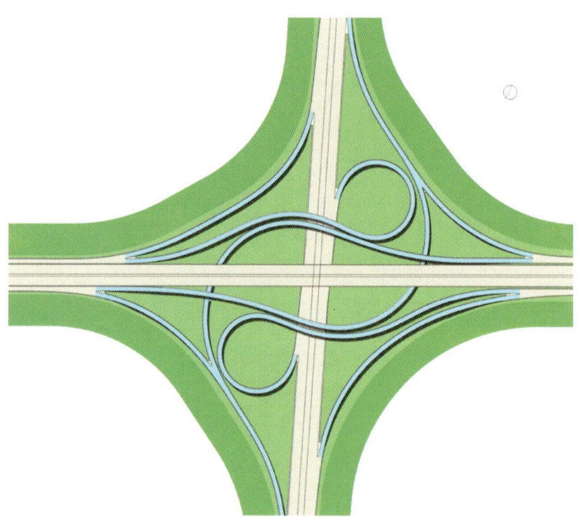

由于大亭段原路面为水泥混凝土路面（白色路面），改建为高速公路后要建造成行车舒适的沥青混凝土路面（黑色路面），这是该工程的关键技术之一。全线桥梁的选位、布孔、桥型结构设计等总体布置合理经济、简洁美观、实现了规格化标准化。

本工程由于是将原有的道路改建为高速公路，设计中充分利用现有老桥，并通过伸缩缝、桥面铺装的加强等措施，将老桥与拼桥连接起来，减少了老桥拆除及新建的工程量，降低了造价。在施工图设计阶段，通过设计优化，采用一定的桥后填土处理，综合考虑桥梁台后填土的高度，适当增加桥后填土高度，缩小桥梁长度，减少桥梁面积，降低工程总造价，节约投资约700万。在桩基选用上，设计结合实际情况，在大部分地方采用既经济又能保证质量的PHC管桩，而在部分管线不能搬迁的地方，采用钻孔灌注桩。设计还通过调整跨径及桩位布置避开管线，减少了管线的搬迁量，加快了施工进度，节约了投资。

南星水厂饮用净水技术改造及扩建一期工程

设计单位：上海市政工程设计研究院

主要设计人：王如华、陈艳丽、沙竺、柳健、陈振海、李秀华、包晨雷

本工程位于浙江省杭州市。2004年6月建成，2004年12月投入生产运行。并获2004年度西湖杯工程奖。一期工程设计的系统方案优化是本项目的一个特点。通过系统方案的综合比较，确定南星水厂扩建至40万m^3/d规模。该方案为当地政府决策提供了技术支持。

经过多次方案论证、修改，最后确定近远期的净水厂处理工艺为：预臭氧+静态混合+水力絮凝+沉淀+砂滤+后臭氧氧化+活性炭吸附及生物降解+氯氨消毒及PH调整。深度处理新工艺的出厂水质达到优于卫生部规范的浙江省优质饮用水水质标准要求。

应用新材料、新设备的创新优化设计是本项目又一个特点。

对臭氧设备和活性炭滤料在自来水厂的应用，进行了专题调研、比较，取得第一手资料和最高的性价比。

设计人员在经过与国际上多家著名品牌臭氧设备制造商的招标谈判，最后确定了臭氧设备的主要性能指标。活性炭滤料的采用经过专题调研比较，并配合业主、滤料供货商完成了现场试验，最后确定主要物理化学指标均达到和超过国家优质品标准的产品。

设计在处理构筑物方面利用水力高程的不同，合理巧妙地将预臭氧接触池和抗咸转输渠道合建于一体，并具有检修事故时的超越功能；中间提升泵房不同于常规二级泵房做法：水量平衡是通过恒定液位和水量回流（自动回流阀）进行控制；由于场地条件限制，合理巧妙地将中间提升泵房、后臭氧接触池、活性炭滤池和滤池反冲洗泵房、鼓风机房、变配电间以及消毒接触池和清水池合于一体，设计对每个环节，每个过程都进行多方面、多次优化；

施工图设计中经优化的基坑围护节约投资100多万元，经施工实践验证，达到了预期的效果。

在水厂总平面布置及老厂改造方面对现有老系统进行了合理利用和挖潜，节约了投资；为40万m^3/d规模总体布置做好了预留；对现有构筑物进行合理改造，其中，将避咸池改造成36万m^3/d规模的常规处理构筑物；合理解决了抗咸水的转输问题：40万m^3/d规模供南星水厂（包括下沙20万m^3/d）；35万m^3/d经转输渠道、配水井至清泰门水厂；在场地有限条件下，合理预留了污泥处理部分。

福州市洋里污水处理厂工程

设计单位：上海市政工程设计研究院

主要设计人：盛丽敏、赵国志、张亚勤、黄喆、邹仪、张震华、雷震珊

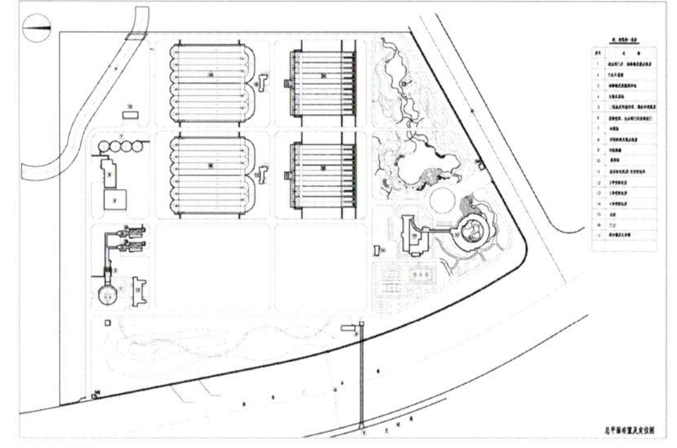

本工程位于福州市晋安区洋里路16号，是福州市城市水环境治理的核心工程。工程服务面积56km²，规划最终处理规模70万m³/d；一期工程设计服务年限至2005年，规模为20万m³/d，服务面积28.9km²，服务人口79.5万人，二期至2007年扩建至30万m³/d。1998年4月～2001年8月设计，2002年12月竣工。s

污水厂按30万m³/d一次征地，面积为23.7ha。其中生产调度中心综合楼、进水泵房、尾水排放渠道等公用或共用性建筑物、构筑物，按30万m³/d一次设计建设，其余建（构）筑物按20万m³/d设计建设。污水性质为分流制城市污水。

本工程设计中，根据原水的水质特点，并结合设计的出水水质目标、投资费用、运行管理等因素作多方面的方案比选，最终选用Carrousel氧化沟工艺。二沉池采用2座88m × 82m矩形沉淀池，投产后运行良好，日处理水量约18～25万m³/d，出水年平均值远低于国家排放标准，均达到了较先进的指标。

本工程的综合办公楼主体为一圆形建筑，建筑设计构思脱胎于福建民居土楼的造型，给人以强烈的乡土感及识别性。造型简洁明快，适当点缀玻璃幕墙及不锈钢构架，以现代化的建筑材料，反映整栋建筑的现代气魄。

厂区大型构筑物生物反应池及二沉池的结构形式，选择了纵横方向设完全变形缝的形式及合理的缝距，解决由于长构件混凝土收缩引起的变形、温度应力引起的变形及不均匀荷载引起的变形对池壁及底板的影响。水池底板采用了梁板式的结构形式，经单桩承载力现场试桩后的施工图设计，较标书阶段设计时的桩基数量减少，节省约100万元，并缩短了工期。

电气设计利用工艺两组氧化沟、二沉池可轮换工作的特点，采用单母线单变压器接线方式，比起常规方案高压开关柜节约。

按工艺流程要求，仪表设计采取了分散控制、集中管理计算机系统，保证了系统的连续性及安全性。

重庆市三峡库区水环境项目－涪陵区污水处理厂工程

设计单位：上海市政工程设计研究院

主要设计人：钱勇、顾建嗣、王宇尧、彭春强、李英琦、庄振华、贺伟萍

工程为国家重点环保项目。位于涪陵江东区长江下游横梁子附近，距涪陵主城区约1.5km。污水厂近期规模为8万m^3/d（2010年），远期规模14万m^3/d（2020年）。本工程自2001年9月开始进行设计，至2002年8月完成全部设计；工程于2003年4月30日竣工，同年5月8日投入试运行。

本工程设计根据三峡库区水环境保护的要求，污水厂出水必须达到《污水综合排放标准》GB8978－1996中的一级标准，脱氮除磷要求较高，经多方案比较，选用了先进可靠的分点进水倒置式A/A/O污水处理新工艺。为确保出水磷指标达标，工艺流程中增加了化学除磷处理。

构筑物池型设计合理，运行灵活方便，平面布置紧凑，节约了用地，污水厂近期占地面积为3.42ha，用地指标为0.43m^2/(m^3·d)，达到国内同类污水处理厂的先进水平。主要构筑物采用渠道连通，减少了水头损失，同时选用了高效可靠的设备，降低了污水厂的运行能耗。

污水厂位于山坡，设计时在满足防洪要求的前提下，结合工艺流程并充分利用场地条件，选择了合适的标高，将厂区布置成阶梯状，减少了土方工程量。全厂的结构设计采用了高切坡、衡重式挡土墙，根据场地地形，构筑物有高填土地基，半岩半风化填土地基，并利用岩壁自承重以减少构筑物结构厚度和配筋，既减少支护施工费用又降低构筑物的工程造价30%。在地形高程变化大，场地地形地质复杂条件下建大型污水处理厂，为复杂场地建造污水厂提供了宝贵的设计和施工经验。

本污水厂为国内采用倒置式A/A/O工艺最早投入运行的工程项目，二年来，各种设备、仪表运行正常，出水指标均达到或优于设计标准，成为三峡库区水环境项目的一个示范性工程。

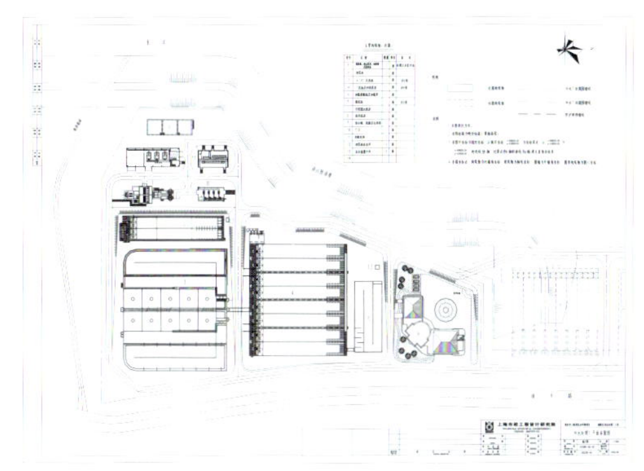

嘉兴市石臼漾水厂深化处理工程

设计单位：上海市政工程设计研究院

主要设计人：雷挺、郑志民、戴一雯、孟伟杰、张晔明、辛琦敏、陈宝书

本项目设计规模17万m^3/d，采用生物预处理－常规处理－深度处理工艺，是目前浙江省城市水厂运行规模最大的深度处理工程。工程于2003年05月开工建设，2004年01月建成通水调试，2004年08月通过工程竣工验收。

自1998年以来，为提高嘉兴供水水质，对市域地面水源水质进行了一系列科研试验，获得了良好的效果和大量的试验数据。根据原水氨氮和CODmn较高的特点，设计对深度处理进行了多方案比较论证，推荐采用臭氧活性炭深度处理工艺。经过运行检验，设计确认这是一套适合该地区以地表水为水源水厂的净水工艺。

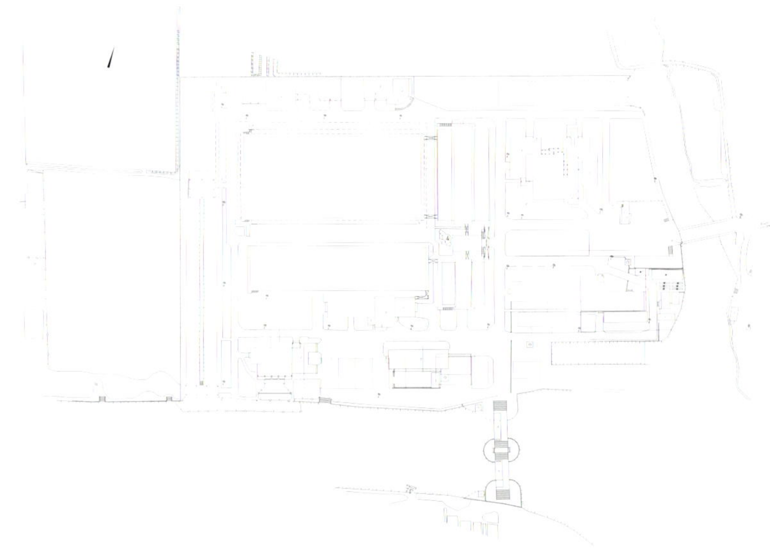

针对水厂扩展用地紧张状况，设计在满足工艺流程基础上，将提升泵房、臭氧发生间、配电间和臭氧接触池等构筑物，采用叠合布置，并取消了水泵出口管道配件和阀门等设备，节约占地面积，降低地基处理和运行费用。

由于采用叠合布置，池体总长度超过了规范范围，为解决池体不均匀沉降，设计采用了加强带。由于臭氧接触池内为腐蚀性极强的臭氧，设计通过增加保护层厚度和池内做防水水泥砂浆等方法，以避免钢筋腐蚀和气体外溢。

由于活性炭滤池地基位于淤泥质粉质粘土层上，地基承载力和沉降不能满足设计要求，地基处理。设计采用沉管灌注桩。

该水厂布置紧凑，工艺环节多以及原有习惯运行模式的特点，采用了集中控制方式。各单体均利用原有的接线及布置设置远程I／O，通过现场总线连接，节省投资及施工强度。

黄浦江干流新增防洪工程

设计单位：上海市水利工程设计研究院

主要设计人：李国林、胡欣、费忠、李锐、王传江、陈峰、谢丁坚

本工程的建设是对位于原上海县、宝山县及奉贤县的黄浦江干支流堤防按千年一遇的防洪标准进行达标改造，整个工程主要由浦东新区杨思～三林地区防汛墙及水闸加高加固工程，闵行、宝山、徐汇、奉贤区危急险段防汛墙工程，代建制A1、B1、A2、B2四个标段和三林堆场防汛墙改造工程四个部分组成。工程沿线防汛墙总长102.053km，其中公用段70.356km，专用段26.697km，达标段5.0km；支河口控制工程：新建10座、重建15座、加高加固24座。该工程为一等工程，1级水工建筑物，防洪标准为千年一遇高潮位。

本工程作为黄浦江已建防洪工程体系的补充，在黄浦江下游"上海市区防汛墙加固工程"和"黄浦江上游闵行～三角渡防洪工程"之间的新增市区范围内，加高加固黄浦江干流及主要支流防汛墙，填平补齐不留缺口，做到与上、下游相衔接，左右岸相对应，形成完整的黄浦江防洪体系。

在工程范围内，黄浦江沿线的防汛墙原结构型式多种多样，影响防汛的因素由于错综复杂，按照联系实际，因地制宜，以防汛达标，除险加固为目的的设计原则，尽可能利用现有岸线及已建工程，减少征地拆迁。对防汛墙采用不同的改造方案，即新（改）建、加高加固和简单加高三大类别分别处理。

设计中，大力应用新工艺、新技术，推行建设生态型护岸工程的设计新理念。工程首次在黄浦江防汛墙改造中采用了两级挡墙的型式，并设置了亲水平台，在平台以上采用植草塑料固土网垫护坡，以水生植物固土来代替浆砌块石等硬性护坡结构，融纳了自然生态型河道建设的理念。在新建水闸工程中采用液压启闭的横拉门型，改变了传统的卷扬启闭的直升门型。

苏州市石湖大桥

设计单位：上海市政工程设计研究院

主要设计人：赵灵、章曾焕、洪建辉、方亚非、张瑾、沈洋、职洪涛

大桥位于苏州市西南石湖风景区，跨京杭大运河，总长535.9m。桥宽37m。双向六车道及两个非机动车道和两个人行道，设计荷载为城-A级，通航标准为四级航道。2003年1月完成施工图设计，2003年12月28日竣工。

主桥为独塔双索面无背索斜拉桥，主跨100m，边跨35m，索面平行。主塔为箱形截面，轴线与水平面夹角58°，高87.5m，横向为框架式结构。斜拉索布置在钝角一侧，背面无斜拉索。主塔内填充C30混凝土作为平衡重，同时通过焊钉等与钢结构结合成一体。

斜拉索采用双索面竖琴形布置，全桥共10对拉索，梁上间距8m，水平夹角28°。斜拉索采用整束预制平行钢丝索，双层PE保护。斜拉索设计要求使用年限为30年，允许在通车条件下更换拉索。

主梁采用纵横梁格体系。全桥为三根纵梁，梁距11.875m。顺桥向每隔4m设置一道横梁。梁高2.4m，标准节段长8m。近桥塔处纵梁下翼缘联成整体，形成闭合箱梁。

基础采用直径1.5m的钻孔灌注桩28根。通过优化，调整墩柱的偏心，减小了桩的弯矩，从而减小桩基础的工程量。

采用钢塔、钢梁的全钢、全焊结构，便于结构安装，总工期只有十三个月，满足了对施工进度的要求。钢板材质为Q345q-D。

主梁拉索采用新型改进锚固方式，主锚板与腹板对接，避免桥面板Z向受拉，锚板与锚管、腹板之间的过渡采用曲线，减少应力集中；塔上设拉索张拉端，采用锚固横梁承压式连接。

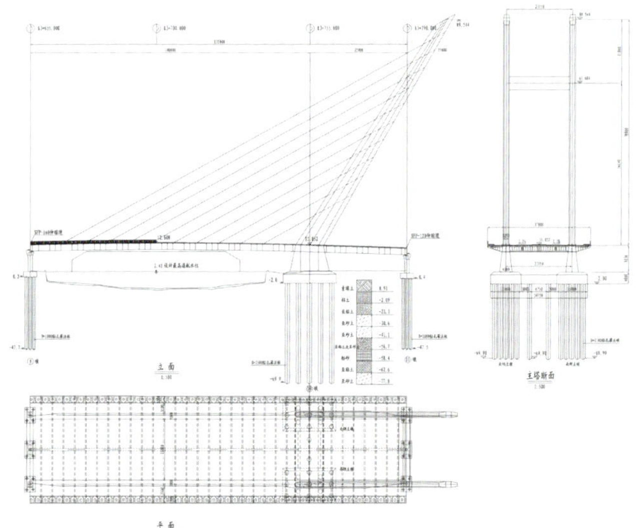

青岛中集集装箱制造有限公司青岛工业园项目

设计单位：上海市机电设计研究院有限公司

主要设计人：刘皓、吴伟玲、陈娴、顾霄凛、陈爱国、张乔麟、蔡洲、翟敬雄

青岛中集的新厂区位于青岛开发区的重化工业园内，占地1000亩，分二期建设。本工程为一期建设，占地439.3亩（合292868m²），建筑面积61958m²，用于发展集装箱干箱生产。达纲年生产能力：15万TEU。工程设计于2003年1月，2003年12月竣工投产。

根据中集集团的特点及长远规划，设计力求利用建筑功能布局的合理划分和组合，来满足工艺流程和行业的特点，将项目的设计目标定位在创建一个具有顺应时代发展和人性化的现代工业新园区，创建一个崭新的顺应时代发展脚步的新兴工业厂区。

工艺设计中，尽可能搬迁利用体现集装箱制造先进水平的原工艺和装备，在布局中寻求最简洁、更合理的工艺流程，对一些关键性工艺和装备，通过合理改进和优化创新，进一步提升集装箱的制造质量；在总体规划设计中，注重功能布局的合理分区，在建筑单体设计中，通过建筑功能与建筑形体的完美结合，以及建筑形体在自然环境中的和谐布局，加上新材料、新技术的贯穿应用，为新建的青岛中集创造了均衡的空间和优美的环境。

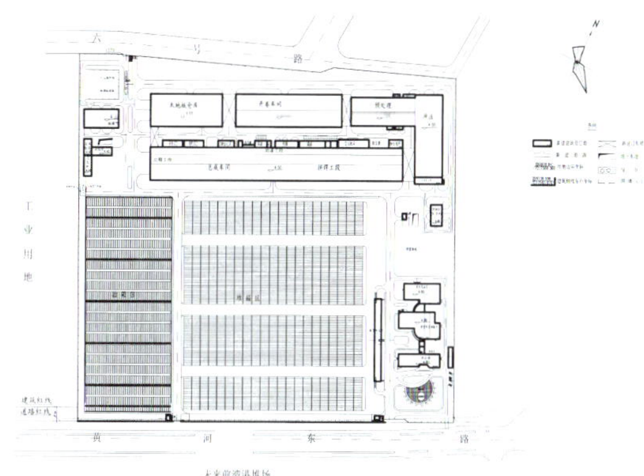

上海梅山钢铁股份有限公司2号高炉大修工程

设计单位：上海梅山工业民用工程设计研究院有限公司

主要设计人：陈刚、陈建强、周君、徐松伟、张正、沙天杰、徐晓飞

2号高炉大修改造工程是一项系统工程，本项目为1280m³高炉系统的工程设计（即2号高炉第三代扩容改造大修），2003年12月完成施工图设计，2004年3月28日投产，开炉5天即达设计指标。

本项目内容包括：槽下及上料系统、高炉炉顶、炉体、粗煤气系统、风口平台、出铁场、热风炉、水力冲渣系统等。根据"实用、可靠、先进、效益"的设计原则，在原2号高炉的基础上全面提升其装备及技术水平，以期达到国内领先。在工程设计中充分利用梅山现有基础设施条件，积极采用国内外成熟的先进技术和设备，如采用梅山特色的炉体冷却系统、炉缸陶瓷杯技术、风口采用大块灰刚玉组合砖、单罐水冷气封式无料钟炉顶设备、长寿高风温送风系统、改造内燃式热风炉、附加燃烧炉的助燃空气和煤气双预热系统、底滤法水渣处理工艺、比肖夫煤气清洗系统等。充分体现了安全、环保设施齐全；系统控制采用功能强大的罗克韦尔自动化公司的controllnet控制系统作为各子控制系统的主控制器，网络与CPU冗余控制。系统自动化、机械化水平高的技术特点，也是此次2号高炉扩容技术改造设计较为突出的部分，对梅山2号高炉的整体装备水平的提高起到了关键作用；经过将近一年的生产实践，证明本项目设计是合理、成功的。

500kV 顾路变电所工程

设计单位：中国电力工程顾问集团华东电力设计院（上海电力设计院有限公司合作设计）

主要设计人：吴建生、陆庭龙、林海、吕青、吴蓉蓉、徐磊、薛华英

500kV 顾路变电所所址位于浦东新区顾路镇。2003 年 6 月完成设计，工程于 2003 年 12 月 13 日竣工投运。

本工程建设规模远景为安装 4 组（1000～1500MVA）变压器；500kV 出线 8 回；220kV 出线 18 回；无功补偿：并联电容器、电抗器共 16 组，每组 60MVAR。本期建设包括 2 组 500kV/1000MVA 油循环风冷自耦变压器；500kV 出线 4 回；220kV 出线 14 回；无功补偿：并联电容器、电抗器共 6 组，每组 60MVAR。

这是目前国内单组容量最大的变压器和设计安装容量最大的变电所，变电所科技含量和现代化技术水平，与相同规模变电所比较，均有明显提高，其中提高 30% 容量。

城市变电站设计主要难点是线路出线困难及对环境的影响。在总平面布置进行多次优化后，设计了 500kV 配电装置布置在变电所东侧，220kV 配电装置布置在变电所西侧的设计方案，使各级超电压线路在同一个方向出线，既减少线路走廊宽度，又符合上海市城市规划的高压线路走廊规划规定的要求。

本工程的 500kV 母线设计中，以三个方案作技术比较，采用了悬吊式管母线方式，对典型配电装置细化，通过采用联合架构的设计，对设备的电气安装布置间距进行优化设计，使 500kV 配电装置，纵向设计尺寸从过去约 180m 减少为到目前的 162m，达到国内先进的设计水平。

设计采用变电所计算机监控系统，提高了变电所运行的安全可靠。

建筑造型高低错落，城市环境融与一体。

综合楼建筑体形根据场地地形条件及工艺要求，设计为长条形。用外廊把综合楼与所用屏室合二为一，在外廊四周布置绿化形成二个小小的庭院，给运行人员创造一个优美舒适的环境。立面以落地玻璃幕墙为主。立面处理结合平面布置，控制室、计算机室等重要房间位于立面最突出位置。在屋顶上加上一段墙面，整体上避免了工业建筑呆板、单调的感觉，使整个立面造型错落有致，简洁、雅致。

500kV 杨行－杨高输电线路工程

设计单位：中国电力工程顾问集团华东电力设计院（上海电力设计院有限公司合作设计）

主要设计人：吴建生、黄伟中、夏凉、王子瑾、陈泽民、张晓东、郭忠孝

工程始于500kV杨行变，止于500kV杨高变，电压等级：500kV，全线双回路同杆架设，全长52.044km，每回最大输送功率2200MW。该工程于2003年12月13日开始部分投运至2004年3月16日全部投产，该工程的建成满足了上海北部及南部地区用电负荷发展的需要，电网的安全可靠性大大提高，基本可满足2010年左右上海对主干500kV电网的需要，

该工程采用多项高新技术，在终勘时利用高新科技GPS定线、定位，导地线金具采用节能型、低能耗金具，其中一根地线采用OPGW，它具有普通地线的防雷作用和通信光缆作为通信、远动和继电保护的高频信号通道，国内在500kV线路首次采用瓷棒式绝缘子耐张串，其低老化率、寿命长、耐破坏性化学腐蚀、无线电干扰水平低、机械结构稳定等优势得以充分发挥。在城区内采用静压桩基础，减少噪声及对环境的影响等方面达到了国内领先水平。首次采用的窄基钢管杆技术，2003年6月20日获得中国国家知识产权局使用新型专利，专利名称："超高压输电线路支撑架"，塔基占地面积不到常规塔的10%，大大节省了城区占地面积，线路走廊也节省1/3达到了国内领先。由于线路通过市区繁华商业地段和大量居民区，只能在规划的道路中间绿化带通过，且绿化带宽度仅10m，通过大量采用高新技术，大大节省了线路走廊，仅少拆房屋10万m^2一项，节省投资3亿多元，线路走廊节省1/3，减少了对城区的影响。

大宁灵石公园

设计单位：上海市园林设计院

主要设计人：徐琏、盛翀、秦文宗、茹雯美、周乐燕、俞国平、施皓

本工程是1986年批准的上海市总体规划所确定的黄兴—广粤—大宁绿地系统的一部分，是上海市三大绿地之一。公园位于上海市西北部的闸北区，占地50.86hm²，是一座师法自然、模山范水的山水园林。公园始建于2000年，2005年5月正式建成投入使用。公园的建设被列为2000年、2001年度上海市实事工程。

本项目从设计理念上注重文化内涵，以人为本，设计手法崇尚师法自然，设计风格讲求中西合璧、古今相融，是突出以自然为主题的生态式园林。

公园设计以营造自然山水为构架，以丰富多彩的乔木、灌木、草坪、地被植物和沪上不多见的湿地水生植物给予有机配置，形成稳定、共生的人工植物群落，以山林、山泉、水景和飞瀑、帘洞、湖光山色、南国风情、欧式长廊等特色各异的景区，成为市民休闲娱乐的好去处。

山水地形设计是本公园设计的一大特色，地形整治、叠山理水，再现自然界典型山水景观，源于自然而高于自然。公园中部18m高的主峰，是全园地形制高点及景观中心；西部11m高的丘岭状地形，峭壁欲倾，谷地连绵；"水绕山转，山因水活"，与地形相配合的河湖港汊，汇成中心水景"海"，起承转合，张弛有致。

近三百种植物的生态群落化配植，是设计的又一特色，设计在大量运用乡土树种的同时，引用新品种植物材料，形成丰富的绿化景观效果。

凯桥绿地

设计单位：上海市园林设计院

主要设计人：刘建国、朱祥明、顾红、钟律、茹雯美、周乐燕、江卫

长宁区凯桥绿地座落于上海市中心城区内环线以内地区，位于延安西路以北，凯旋路以东，非机动车八号线以南区域，占地面积约4.3hm²。绿地总面积（扣除变压所）45343m²；绿化面积37959m²。

凯桥公共绿地作为长宁区的绿肺，通过拆房建绿，将环境治理与景观建设相结合，形成良性循环的绿色生态工程。

整个绿地的规划特色是通过不断放射、扩大的圆环相互交错，运用弧线、曲线组合的平面构图，配合竖向设计，形成丰富的绿色立体景观，来体现"以西欧式园林为主"的总体风格，力图通过平面构图的形式美来满足轻轨及高架的俯视要求。

绿地内设置五个功能分区来满足不同层次、不同年龄的不同需要。其中文化娱乐广场位于整个绿地的构图中心及视觉中心，平面基本呈圆形。外侧以特大乔木围合，通过拾级而下的宽台阶可步入下沉式广场，台阶与绿化交错相间布置，让人充分感受绿色的温馨。广场外围布置一组花架，满足市民休息交流的需要；广场北侧为生态保健区，属安静休息区域。沿凯桥路的斜向道路穿越其间，四周围合栽有大银杏，其下布置各色矮灌木；广场的南侧为老年晨练区，是附近居民休息晨练的重点场所。该区域绿化配置以大树为主，并设置适量的休息座凳。并在东侧设休息廊一座，间隔相嵌布置了一条卵石曲线地坪。

还有位于延安西路主要入口景观道路的两侧布置了休闲散步区。该区域的曲线小径在平面构图上又与老年晨练区的卵石曲线一气呵成，互为联系。

绿地内园林建筑小品及雕塑作品，最大程度地满足市民日常休息和观赏需要。力求在造型、体量，色彩及材料上均与绿地的绿化总体环境的立意和环境效果相统一，突出园林建筑小品的个性和艺术品味。

凯桥公共绿地充分利用丰富的植物资源，组织和划分景观空间。体现生物多样性，发挥植物的多种效应，创造不同类型的园林景观。绿地由北往南布置4种不同的生态群落：

1．环保型生态群落

2．保健型生态群落

3．文化环境型生态群落

4．观赏型生态群落

主要树种如香樟、雪松、广玉兰、女贞、栾树、银杏、马褂木、榉树、无患子、枫香、紫荆、紫藤、海棠、蜡梅、桂花等。

凯桥公共绿地的建设开创了城市道路，高架，轻轨多层次多空间多高度的设计先例，在景观空间的多维化创造上跨出新的一步。

东方路(棋昌栈～龙阳路)景观绿地工程

设计单位：上海浦东建筑设计研究院有限公司

主要设计人：顾莉贞、王桂萍、孙吉良、潘丽琴、蔡鸣、郑文建、王真

东方路位于浦东中心地区，与大连路隧道相连，是连接陆家嘴金融贸易区和2010年世博会主会场的南北向主要通道。本工程的设计开始于2002年11月，于2003年底竣工，道路总长5.2km，景观绿地长3.8km，宽18～25m不等，总绿化面积69745m²。

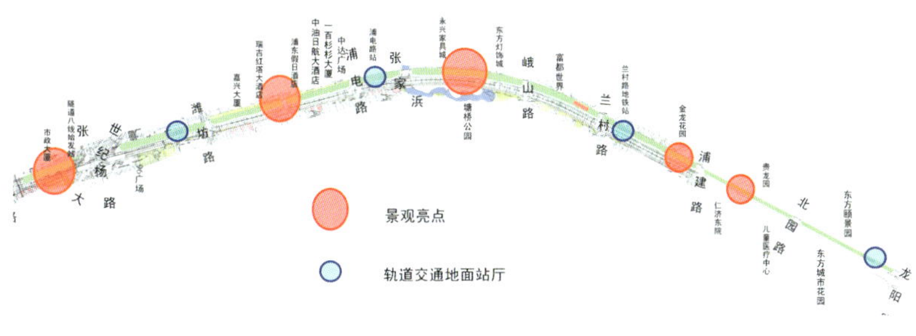

东方路景观工程是新建与改造相结合的建设工程，其中潍坊路～浦电路段为原有绿地改建，其他均为预留轻轨用地的新建绿化。

设计围绕"利用、优化、美化"三个原则展开进行，以交通功能为主，兼顾绿地的生态休闲功能，力求为行人提供一个人性化的绿色空间，使东方路成为浦东的"第二大道"。

总体设计结合各路段的不同背景，合理进行景观布局，突出重点，节省投资。由于工程范围跨度大，周边地块现状复杂；途经道路等级多样，因此各路段的人流大小、人行速度差别较大。本设计对各路段的背景条件进行详细分析，合理利用原有景观资源，调整景观结构，突出四个景观重点（世纪大道段、高级宾馆段、塘桥公园段及贵龙园段），同时弱化非重点区域。绿化的建设和对原有绿地的改造大大改善了道路环境。设计时充分保留利用了原有绿化，对林下地被进行清理，使郁闭的环境得到疏透，即丰富建筑立面，又吸引人流，使背景建筑与道路形成景观互动。

景观上以植物造景为主，利用植物突出景观主题。植物品种选择时注重种植季节的适应性、水土性、可操作性，适当推广新品种，局部布置花境，展现园林特色，成为市民了解园林绿化成果的窗口。

太仓人民公园改扩建工程

设计单位：上海上农园林环境建设有限公司

主要设计人：王云、邬洪、黄应霖、汤晓敏、王晟、陈光敏、毕晓来

太仓公园是对原太仓人民公园进行改扩建而形成的综合性公园。人民公园旧址海宁禅寺，前身为妙莲庵，距今已有六百多年的历史，是太仓市现有历史最悠久的一座园林。原人民公园占地3.8hm²，西侧、南侧与城市道路相邻，为改建部分。向北至明清时期的太仓古城护城河为扩建部分，占地面积3.52hm²，公园总面积7.32hm²。

本设计的特色以历史名园为蓝本，采用江南古典园林的手法，营造出太仓古典园林的意趣，讲求新旧园林风格的和谐与统一，古典园林景象与现代公园功能的协调与融合。设计以捕捉被誉为"东南第一名园"明代大文学家王世贞的私邸花园——弇山园的造园手法和意趣为要旨，衔接新旧、拓展功能，形成风格统一、特征明显、功能完善的综合性市民公园。

本工程内含主要建筑有：南入口建筑庭院（主要包括三开间歇山顶入口建筑、四角攒尖配亭、桐荫庭、分胜亭、振屐廊）、盆景园、弇山堂、墨妙亭、文漪堂、碑廊、西入口建筑庭院（主要包括砖雕门楼、琅琊别墅、连廊、水榭、省获亭）。

因为植物配置借鉴弇山园中的植物景观意象，强调自然式布局，力求疏密有致。三山的植物设计各具特色：东弇最高，名秋影岭，植物沿山势层层种植，以常绿乔木为骨架，成片间杂秋色叶树如银杏、乌桕、枫树等；中弇次高，以幽见长，结合原有的竹林配置形成竹海和松涛意向；西弇地势低平，以果实类的植物为特色，常绿的有琵琶、杨梅等，落叶的有桃、梨、柿等，体现收获的喜悦之情。园路绿化亦颇具特色，如"惹香径"。水边绿化如"留英涧"，因广植桃花、樱花等，花瓣散落，随波逐流，故得名。

法国马赛《上海园》

设计单位：上海市园林设计院

主要设计人：张栋成、朱祥明、秦启宪、杨军、王钟斋、茹雯美、钟律

“上海园”坐落在法国马赛市波尔利公园的植物园内，从地理位置上，该园就坐落于地中海沿岸。建成的“上海园”是植物园内具有东方风格的植物主题花园。

“上海园”占地面积1600m²，建筑面积为93 m²，由厅、亭、廊、桥、池等古建筑要素组成。花园的主要入口位于植物园主要干道北侧。该园从2003年设计，2004年2月竣工，2004年5月由上海市市长代表与马赛市市长在中法文化年“上海周”上正式开园。“上海园”的设计构思既要浓缩江南园林的特色，人与自然的和谐统一，又要结合世博的题材，融入上海的典故，体现“城市让生活更美好”主题。并且在尊重法兰西的地域风情与文化的前提下，在植物配置上遵循中法兼蓄的原则统一规划、设计与施工。通过中国工匠的精心打造，在地中海建成了一座中国式的东方花园。

“上海园”的总体格局是以“园中园”的模式和专题中华植物园的造园手段来营造一座“中国花园”。

中心景区由主入口广场，月洞门、照壁、卧虹桥、“春申堂”序列而成，是花园的主要景区。

进入花园墙门，一座古色古香的照壁首先映入眼帘，它是由国内精心加工砖细雕刻，以及民间线刻工艺组成的主题画。浓缩反映出青浦放生桥、豫园湖心亭、新天地石库门、东方明珠以及2010年的世博会展。迈上卧虹桥可遥望“谊亭”，石桥铺地则是中国参加世博会的“星光大道”，刻录着历届与会的时间与痕迹。而远处的日晷则象征着时光的延伸和永恒。

“春申堂”是本园的主体建筑，一座典型的中国式厅堂。采用全木构件卷棚式筒瓦屋顶的制式，室内的横匾与楹联、传统的挂落与中堂，充满着浓郁的东方文化气息。花园东侧由池塘和湖心亭组成的一幅江南水乡的特写场景。“谊亭”寓意马赛、上海的姐妹城市的友谊。池边湖石、垂柳，池中石矶、曲桥以及小亭的翘角、飞檐、美人靠，传递着上海地区的园林特色的风格。亭子的楹联上写道：“池畔卧双桥，亭外风徐来”就是这组成园林景观的画睛之笔。

花园西侧竹门、竹篱以及栽植的竹林以营造出幽静的市井生活氛围。花园内的青石板路、卵石小径、花岗石石栏与铺地也体现出中国传统工艺的精致与质朴。

宁波镇海沿江公园

设计单位：上海市园林设计院

主要设计人：牛庆炜、秦启宪、赵忠、陆健、周乐燕、茹雯美

本项目基地位于宁波市镇海区内，工程规模5hm²，南临甬江，呈不规则狭长形状。这里拆迁前身是镇海区的造船基地之一，码头和船坞在这一区域集中分布，两座船坞完整的将基地切割成为三个不同的部分，相对高程1.5m的防汛墙从中横贯东西。本工程于2000年5月～2002年1月设计，一期2000年11月竣工，二期2002年10月竣工。

本工程的**总体设计**，将基地中的码头、船坞、缆栓都被尽量的保留了下来，同时被保留下来的还有一座废弃的造船用龙门吊车，两座船坞。

为了解决西侧船坞两侧的交通，在船坞上重新设计建造了一座简洁粗旷的钢结构桥梁，钢架制成的栏杆、粗糙的弹石地坪处理也力图表现工业时期的质感。东侧船坞所在地是镇海古码头的所在地，这里设计变换了栏杆的式样，用木质立柱捆扎缆绳，力图表现出早先船舶码头的一些元素和符号。

在**绿化设计**方面，镇海滨江路以"城市景观线"为概念，以植物造景与硬质景观相结合为原则，创造林带、疏林、草地、灌木花卉、树阵等植物景观，让久居城市的人们通过这条"城市绿色走廊"直接感受大自然的绿色气息。

植物品种的选择贯彻生物多样性的原则，即在以宁波镇海乡土树种树为基调的基础上，较大范围地选择适宜宁波地区土壤条件的植物，使绿地更具生态性和观赏性。

结构设计：结构设计以钢结构为主，主要意图表现造船工业留下的痕迹。

电气设计：以适度的照明营造夜景氛围，设置PLC集中控制系统，对整个园区的道路照明、景观照明等进行自动控制；照明灯具考虑沿江潮汛采用防水设计。

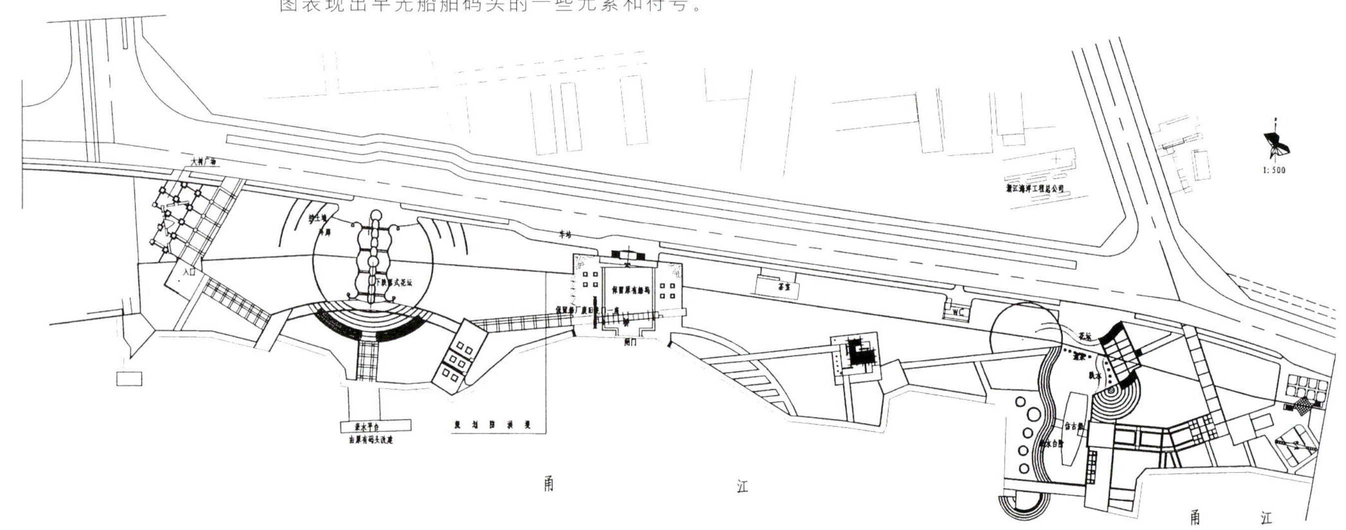

浙江义乌绣湖公园

设计单位：上海市园林设计院

主要设计人：阮燕妮、张永来、应旦阳、韩莱平、陆健、茹雯美、汪亚雄

绣湖公园位于义乌市政府西南面，用地7.164hm²。2003年4月交付使用。为江南园林风格大型开放式公共绿地。其表现历史菁华的建筑形制轻和灵飞檐等细部，与东面的市民广场硬质绿化空间对比鲜明，相映成趣，和谐并存。

绣湖公园配套增设的新建筑，仿明清建筑风格，以烘托始建于宋代的大安寺塔，承袭大安寺塔与绣湖历史文脉；同时将残存于大安寺塔西侧的绣湖现状水面适度拓宽，向东扩大至塔前南侧，形成天光塔影；结合“绣湖八景”，叠石理水，筑各类景石驳岸及自然式草坪岸线，设临水休闲建筑，建景观桥，筑生态岛，沿岸植垂柳、香樟、樱花、水杉、木芙蓉、荷花、菖蒲等；设溪涧活水……将经典园林建筑及其精湛细部，融合于动态的植物花木组团与色块中，在浓缩的空间内再现并阐述已经湮灭的“绣湖八景”意境：烟寺晓钟、松梢落月、驿楼晚照、画桥系马、柳州画舫、荷荡惊鸥、花岛红云、湖亭渔市，使绣湖新生活力。

遵循植物多样性设计，植物造景，生态化设计原则，结合水岸，地形高低，建筑小品，根据植物生长习性群落关系，轮廓尺度，季候及枝干叶花观赏特征，运用植物单植，对植，列植，疏密有致的片植来组织，切割不同的景观空间及活动空间。整体植物配置中大型骨干乔木配置手法为：“北密南疏”的格局，以高大乔木林挡住冬季西北寒风；东南面设疏林草地花灌，为东南季风打开“门窗”，让夏季主导风流入公园，为游人提供较为舒适的休闲空间。

此外，在绿化视觉色彩、塔院绿化、浓密绿色背景、疏林草坪及公园的竖向空间的设计上，均显示出本项目的设计理念和特色。

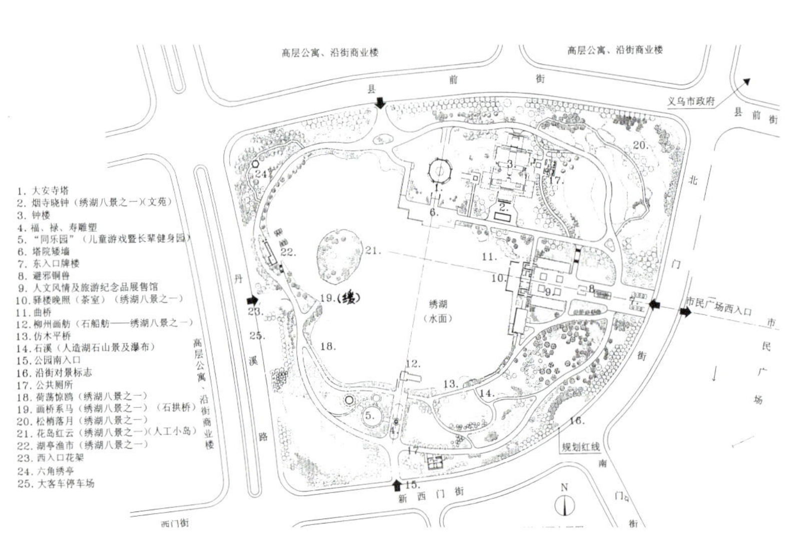

上海市磁悬浮快速列车示范运营线工程勘察

设计单位：上海市政工程设计研究院

主要设计人：陈振荣、辛伟、高大铭、周黎月、乐茂强、俞兰棣、华澄

工程位于上海市浦东地区，起点自上海地铁2号线的龙阳站，终点至浦东国际机场，全线长约30km。

整个线路结构形式采用高架长桩基础，桩型采用打入桩（PHC管桩、预制桩，局部采用钢管桩）及灌注桩。工程对沉降要求十分严格，沉降差要求为L/6000(L为桥梁跨径，一般为25m)。

本工程的主要特点是线路长、地质条件复杂、技术难度大、沉降要求高、缺乏相关工程经验。勘察方案参照相关规范，结合设计要求及众多大型市政桥梁工程的成功经验，充分考虑沿线地质条件的变化、设计比选方案的需要及建设工期的要求，按不同地质条件分别布置，采用了一次性布置整个工作量，在实施过程中分为两步进行，先进行控制性勘探孔，再根据揭露地质情况调整优化勘察方案。

在勘察工作的组织实施方面，编制具体可行、充分详细的勘察纲要，科学合理地制定勘察实施计划，投入充足的人力、机具设备，制定了完善的安全文明施工和质量保证制度，并加强现场监理确保了工程勘察质量。

野外勘察除采用常规的钻探和静力触探外，还增加了波速试验、孔压静力触探及旁压试验，进一步综合评价地质情况。土工试验还增加了三轴、先期固结压力、固结系数、次固结系数试验等，以充分揭示土层的物理力学性质。

勘察报告编制方面，根据线路长土层变化大的特点，结合工程地质条件及沉积环境，对全线划分为十一个工程地质区段，在分析各区段土层沉积的基础上，比选推荐了合适的桩基持力层，对设计、施工所需要的各项参数通过多种测试手段进行验证并结合地区工程经验综合确定，使设计方案的确定更具合理性和科学性。

勘察报告内容翔实，图件清晰，对工程沿线的地质条件分析透彻、评价准确，提供的设计参数全面，建议合理，结论正确，为设计、施工提供了充分的地质依据。经实践，满足了工程要求。

同三国道(上海段)高速公路工程测量

设计单位：上海市政工程设计研究院

主要设计人：朱德禹、朱继武、周志鸿、王勇、夏继宏、殷振亚、魏国平

在测量过程中，严格执行有关《规范》，结合设计人员提出的技术要求，编写了详细《施测大纲》。具体作业中，严格按照《大纲》规范作业，使各项测量成果满足高速公路设计、施工要求。其中，控制测量等成果取得很高精度：首级四等GPS网中，60%的GPS点位中误差在1.5cm以内、GPS边长相对中误差全部≤限差的1/3；一级附和导线的相对精度均高于1/3万（81%高于1/5万）。

在选线、定线阶段，针对多个线路方案测量部门通过大量细部坐标的高精度接测，进行内业CAD处理，配合设计进行各项线路选线、线形优化。在确保了线形指标、改善行车环境前提下，较大地减少了拆迁量和对沿线居民的影响。

本工程测量中积极采用的先进技术、推广应用新编专业软件，既加快了作业速度又提高了成果质量，取得了显著效果。其中有“GPS卫星定位测量”、“极坐标法放样”、“全数字化测量作业”等。还有自编专业测量软件在本工程推广应用与完善，如《道路定线外业E500/PDA程序》、《道路立交内业CAD软件》等，均取得了显著效果。

本工程既是国家一条纵向主干线，又是上海郊区环线，具有双重功能。路线长度为33Km。沿线有互通式立交6座；横向道路跨线桥5座；特大桥6座、大桥6座、中小桥20座；地道／通道10条等。

本项目工程测量配合规划、设计、施工，初测：1997年3月～1998年8月，定测：1999年6月～2001年8月，施工配合测量直至2002年。工程测量内容含：四等GPS测量25点、一级导线初测73km、水准测量149km、地形测量910hm^2、各类道路定线、纵／横断面测量各65km等。

500kV 吴淞口大跨越岩土工程勘测

设计单位：中国电力工程顾问集团华东电力设计院

主要设计人：张华、陆武萍、高倚山、余小奎、陈昌斌、章邦喜、章虹

本工程是上海500千伏环网输变电工程的关键工程之一。工程地处上海吴淞和浦东凌桥，采用钢管塔结构形式，跨越塔高177.5m，锚塔高58.7m。本工程自1988年开始选线，2000年5月起，进行初设岩土工程勘测。2001年5月起，进行施工图设计阶段岩土工程勘测。2001年9月作综合试桩工作。

本工程包括了2座跨越塔、2座锚塔，相距300m到近1000m不等，分列浦江两岸，工程地质条件既有共性又有个性，在工程中运用了多种勘测手段对场地进行勘测，在综合分析的前提下，又区别对待各基塔，保证了地基土工程特性参数的完整性和正确性。本项目岩土工程勘察还包括了地震地质——地震安全性评价、环境地质——场地和塔位的稳定性评价等。根据工程要求，还进行了综合试桩和工程场地地震安全性评价工作。试桩工作包括静载荷试验、自平衡法载荷试验、高低应变测试、动刚度试验、桩端注浆和位移测试。其中自平衡法载荷试验为电力行业首开历史先河，属国内先进水平。通过桩端注浆试验，为桩基优化设计提供了可靠的依据。

中船长兴岛造船基地围海造地岩土工程勘察

设计单位：中船勘察设计研究院

主要设计人：高堂、雷奇、梁德俊、徐四一、唐祥达、李志平、彭伟

本项目位于宝山区长兴岛新开港下游以东的岸线区域内，自新开港下游约1000m（粤海船务有限公司靠墩约182m）为起点，大致沿标高为0m的等高线向下游延伸，止于海庆河（西镇港）下游约3000m的位置，拟建围堰的总长度约为8km 。

整个围堰由上游至下游被前卫河，跃进港，海庆河依次划分为4个区（分别为A、B、C、D区），A区采用B1型顺堤断面方案，而B、C、D则采用B2型顺堤断面方案。设计均采用天然地基。

该工程勘察工作量有钻探总进尺2375.10m，水上静探总进尺1201.10m，十字板剪切试验484.00m，波速试验3孔96m。本次勘察方案布置针对性强，综合运用取土及原位测试（标准贯入试验、水域静力触探试验、十字板剪切试验和波速试验）等多种勘察手段，特别是水域静力触探试验拥有国家专利，直观地反映了拟建场地地层分布规律，满足了工程设计及施工对勘察的要求。勘察工作量的布置综合考虑了建筑物的性质和场区地层的特点，做到了既经济又合理。

场区浅部存在成层饱和粉性土或砂土层，表部还分布有新近沉积的土层。围堰中心线基本上沿零米等高线布置，部分区段距水下陡坎较近，报告书针对拟建物性质及其所在的区域特点，分别为天然地基、砂土液化和抗滑稳定性分析设计和施工提供了准确合理的参数与建议，工程实践证明，所提供的分析结论与建议准确恰当。

东方艺术中心岩土工程勘察

设计单位：上海岩土工程勘察设计研究院有限公司

主要设计人：陈波、赵榆、许丽萍、吴伟锋、曹兴国、胡世华、邹晓芳

本项目位于浦东新区杨高南路、世纪大道口，总建筑面积39964m²。整体建筑呈白玉兰花形，共分为五个区，一至三区为地下1层，四、五区为地下2层，地下室基础埋深约为10.0m（局部加深为25m）。地上共四层，采用框架——核芯筒结构，最大高度35m。

因建筑物具有形状不规则、跨度大和荷载不均匀的特点，故设计对单桩承载力和沉降量均有较高的要求。

根据建（构）筑物特点和场地地层条件，本次勘察采用了钻探、静力触探的野外勘探方法，以查明土层的分布规律；采用十字板剪切试验测定饱和软粘土的原位强度；采用钻孔降水头注水试验测定土层的渗透系数；以标准贯入试验判定砂（粉）土的密实度和判定液化；埋设水位观测孔以测试含水层的水头高度；采用波速试验确定地基土的动剪切模量、动弹性模量等动参数原位测试；除进行常规物理力学性试验项目外，还布置了渗透、无侧限抗压强度、三轴CU、侧压力系数Ko、水质分析等试验项目。

该工程于2001年12月完成，并提供岩土工程勘察详勘报告。

本项目的勘察报告对主要参数引用概率法进行保证率统计和分析，使提供的岩土工程参数更为合理，可靠。通过桩基工程的分析评价建议采用土性较佳⑦2-1层作为桩基持力层，满足设计要求；充分发掘地基土的承载潜力，单桩承载力估算结果与试桩结果相吻合，大大地减少了布桩数量，节约基础的投资。

根据场地周围环境条件和地层条件，建议采用预制桩（PHC管桩）方案，比灌注桩节约造价约30%。

上海港外高桥港区四期工程勘察

设计单位：上海海洋地质调查局地质勘察工程公司

主要设计人：秦启山、刘玉涛、张海、李彬勇、沈邦培、沈祖荣、应博明

本工程是加快建立上海国际航运中心的重要组成部分，该工程位于长江口南港南岸五号沟，距吴淞口灯桩14.5km，港区规划的陆域长约1220m、宽约1440m，主体码头长约1250m、宽约50m，设计四个集装箱深水泊位，由四条长约180～250m的引桥与陆域相连。本工程于2002年12月竣工并投入使用。

本工程于2000年5月至2000年8月进行了详细勘察阶段的岩土工程勘察工作，本次勘察累计完成标贯孔44个、原状孔50个，总进尺4414.93m，共取原状样1235件、标贯试验次数1960次，取扰动样615件。土工试验除了进行常规的物理力学性试验外，还进行了无侧限抗压强度、直剪快剪、水上、水下休止角等试验项目。

本工程勘察工作量布置合理有针对性，测试手段多样化，内容完整全面，分析透彻，结论明确，建议合理可行等特点。本项目为水域勘察，勘察报告提供的各土层物理力学性质参数均采用电算法进行数理统计求得，统计过程中，首先剔除明显不合理的变异性较大的土样指标，然后按统一的取舍标准统计计算，使报告提供的岩土工程参数更为合理、可靠，对桩基持力层及桩型选择进行了详细的分析比较，预估的单桩极限承载力与实际较吻合。

上海国际赛车场岩土工程勘察

设计单位：上海申元岩土工程有限公司

主要设计人：钟建东、陈国民、王启中、陈荣斌、何宗信、徐凤昌、窦国平

上海国际赛车场位于嘉定区安亭方泰镇以东，西起盐铁河，东至漳浦河，北界嘉松公路，南达宝安公路。基地面积约5.3km²。

工程主要由赛道、比赛工作楼、主看台、副看台及车队生活区等组成。

本工程勘察2002年5月22日开始，2002年8月2日提交岩土工程勘察报告。2004年3月，同年5月通过国际汽联的验收。

本工程赛道高填土区域勘察报告合理地建议采用路堤桩进行地基处理，借鉴和引入房屋建筑的沉降控制复合桩基理论进行设计，选取第⑤－1a层灰色粘土作为复合桩基的持力层，建议桩入土深度18～24m，并建议采用预制桩，以打入桩方式进行施工，为建设工期按计划完成奠定了基础，另外提出尽可能推迟最后一层路面材料的浇注，也对赛道符合平整度要求起了良好作用，满足了赛道的特殊变形要求。

对平缓区域，报告分析了采用天然地基的可行性，并对其沉降进行了估算，估算的结果与实测结果较接近。

拟建场地处于古河道区域，土层变化较复杂，报告中根据土层和不同拟建物的荷载和结构型式建议比赛控制塔、行政管理楼采用灌注桩，以⑧－2层为桩基持力层；看台采用预制桩，采用⑤－2层为桩基持力层得到设计的赞同。其单桩竖向承载力估算值与实际的现场静荷载试验相接近，满足了设计要求。

润杨长江公路大桥南汉悬索桥北锚碇基坑监测

设计单位：上海岩土工程勘察设计研究院有限公司

主要设计人：杨玉泉、黄永进、仲子家、侯瑜玉、褚平进、褚伟洪、唐亮

润扬长江公路大桥于2000年10月20日开工建设，它跨江连岛，北起扬州，南接镇江，全长35.66km，主线采用双向6车道高速公路标准，设计时速100km。大桥连接京沪、沪宁、宁杭三条高速公路，为长三角地区又一重要的路网枢纽。

润扬长江公路大桥是我国长江上第一座由悬索桥和斜拉桥组成的组合型桥梁。

南汉悬索桥的跨径为1490m，为国内第一大跨径。作为主缆拉力的南汉悬索桥北锚碇 先建设一个"特大深基坑"。本项目负责参建"特大深基坑"的全过程施工监控这个基坑长69m，宽50m，深50m，而北锚碇的位置离长江大堤只有70m，且地处茅山断裂带，易触变，地质水文非常复杂，开挖基坑稍有不慎就会坑毁人亡。北锚碇成为了整座桥的关键性控制工程，北锚碇的施工安全也就成为了重中之重。需要功克难关的过程是艰难和漫长的。7位院士组成的专家组4次专题审查会；5次方案调整和修改，6个监测方案版本；13项监测内容；埋设约1900个监测元件；历时16个月；提交监测日报160余份，采集有效数据近50万个。2002年9月锚碇工程回到了±0.0。施工安全监控的成功为北锚碇工程的顺利实施起到了保驾护航的重要作用。

北锚碇工程的顺利实施也表明，本工程监测仪器元件选型是合理的，埋设方法及量测技术是可靠的，监测结果可为指导科学决策提供强有力的支持，在施工流程安排、施工工艺实施、施工变更等过程中，特别是在启动坑外降水预案和在第十二道围檩、支撑的优化中两个重要事件上，监测提供的地连墙的变形规律分析、地连墙应力变化趋势、支撑和围檩受力状况等科学数据为决策提供了重要依据。

上海国际赛车场岩土工程监测与检测

设计单位：上海岩土工程勘察设计研究院有限公司

主要设计人：杨玉泉、孙小刚、汪大龙、侯瑜玉、唐坚、郭春生、张晓沪

上海国际赛车场位于上海市嘉定区境内，周围被嘉金（A5）、嘉松、A30等高等级公路环绕。

上海国际赛车场占地总面积5.3km^2，赛车场看台设计规模约20万人，主体建筑及其他主要建筑约150000m^2，“上”字型赛道总长约5.541km，宽度为13～20m；其他组合赛道长1.277km，宽度为14～25m；赛道拥有9个不同长度的直道，最长的直道赛段为1175m，14个不同转弯半径的弯道；赛道路面最高落差约为8m，坡顶最高落差约12m，整个赛道的最大上行坡度为3%，最大下坡度达到8%，赛车最高时速可达到327km/h。

上海国际赛车场设计具有国际化、功能全、规模大、技术新的特点，对于上海的软土地基上须达到设计为每4m不超过3mm差异沉降的要求难度却很大，通过大量现场试验来探索、研究。在国内无相关参照数据的情况下，创新采用Surfer软件对赛道模拟试验数据进行分析处理，数据得到设计人员认可，并积累了宝贵的经验；试验技术和技术成果，优化了赛道加固设计，节约费用在100万元以上，同时节约了大量工期。在赛车场建设初期，通过主看台区域的桩基静载荷试验确定了场地内各土层侧摩阻力和持力层，从而既保证了工程质量，也节约了大量的时间，为18个月完成工程项目作出努力。科学合理的安排使得其它部分的桩基检测穿插在施工中进行，进行了42根静载荷测试，100多根高应变及1000多根低应变动测；在进行车队生活区桩基测试时，针对桩基间距离较远，无法直接通过基桩提供反力的情况下，采用地锚作为反力系统，节约了费用6万余元。指挥中心、控制中心、新闻中心、空中餐厅以及赛道测试是在地锚无法提供足够反力的情况下采用了半锚半堆的反力系统，针对不同条件，想方设法采取科学、合理的不同措施及时解决了试验问题，同时保护了周围环境。

浦东新区行政办公中心绿地民防工程地下车库

设计单位：上海市地下建筑设计研究院

主要设计人：沈志红、王挥、赵寒青、冯伟村、陈弘、陆众杰、安危

基地位于合欢路、丁香路、锦带路合抱而成的绿地地下，是目前浦东新区最大的单建掘开式民防工程。2004年竣工。工程基地占地面积约50340m²。地下工程总建筑面积21649m²，其中，地下一层10905m²；地下二层9544m²，车道面积1200m²。工程西区设地下二层，建筑有效净高2.2m，平时停放小型车，停车位600个。主体结构采用无梁楼盖体系设计。

工程结合城市建设开发大型地下空间资源。在满足地面绿化前提下，建造一个优质的人防工程，并与周边现有的人防工程连通，在行政中心范围内形成一个完整的集指挥防御系统、救护保障系统、战备物资和人员掩蔽系统为一体的人防空间体系。战备效益显著。工程平时为行政办公楼和东方艺术中心的特大型配套车库。周边三条道路各设一个双车道出入车库，即满足了车辆的分流，又减轻了地面道路的压力。地下二层空间的利用节约了土地资源。地下车库车辆和人员进出口部及通风井集中布置，口部处理与周边环境协调统一，为绿地创造了理想的景观环境。

本工程为单建式地下车库，分为西区和东区两部分。西区为地下两层结构，东区为地下一层结构。东区、西区顶板覆土厚度均在2～3m。主体结构（包括东区和西区）选择了无梁楼盖结构体系。

主体结构同时按平时、战时荷载设计，平时结构施工中全部一步到位，不设临战后加柱。

由于此车库面积较大，经综合考虑，机械排风采用诱导通风系统，利用均布的喷嘴引导气流，使车库内不易产生死角，降低废气浓度，并可导引入大量新鲜空气，确保车库内空气的品质符合国家规定的标准。

变电所、厕所设有独立的通风系统，机械进风，机械排风。

工程中设置了摄像监控系统，电话通讯系统，消防报警联动系统。为了节能及控制管理的需要设置了BA系统，对照明、平时风机进行控制管理。

义乌市市民广场地下商场及停车库

设计单位：上海市地下建筑设计研究院

主要设计人：孙海鹤、唐婧、陈振丽、基庆、郑建平、彭胜东、王献心

工程位于义乌市旧城改造的中心，北起市政府大楼中轴、南止城中中路和南门街的交叉点、东出义乌大剧院的西出口、西抵锈湖公园的东大门。广场面积达12万m^2，地下商场共二层面积总计8.8万m^2。1999年设计，2003年竣工，成为义乌市的一大景现，和市民节假日休息和购物的绝好场所。

市民广场地下一层中区为商场，南北区为地下车库。建筑面积分别为44254.9m^2和6164m^2。地下商铺由21条精品步行街组成。有8～10m宽的田字型疏散走道相互围合，每个交结点都设计成风格各异的街心广场，既增强了精品街的识别性，也提供了一个休闲场所。在商场中心有一个直通地下二层约300m^2的共享空间，由4座自动扶梯相连。地下二层中区仍为商场，后改为超市。

由于建筑平面是地下一层大，地下二层小，剖面型式取了盆式结构体系。在一、二层交结处三角型的空间结构既是传力的过渡，又为管廊空间，大大提高了利用率。

总建筑面积8.9万m^2的地下空间，其中人防面积为7.6万m^2。有效率达90%。共有五个功能区：一个待蔽所、二个六级二等人员掩蔽部、二个六级物资库。这样大面积的单建式平战两用人防工程由民营企业一次建成，为多元化投资人防工程建设开辟了一条新路。

2005年度上海优秀勘察设计

三等奖

中兴通讯上海研发中心

设计单位：上海建筑设计研究院有限公司

主要设计人：何涛、张天一、杨慧、蒋彦、梁庆庆

本工程位于上海浦东新区张江高科技开发园区。基地占地面积为121500m²，地块规划总建筑面积为100000m²。基地周边设施齐全，本工程为一期，建筑面积约50000m²。

本工程**建筑设计**为东西向布置，总长近250m，由二个过街楼满足其消防要求。南面布置较低的3层，北面布置5层，总高23.5m。综合服务楼布置在东端，层高5.1m，总高15.7m。南面为开阔的绿化空间，以大型水景来丰富单调的办公气氛。由于功能的关系整个建筑全部联系在一起，内部分别是手机事业部，移动通讯事业部，网络事业部，公共事业部和配套的后勤部分。

本工程由几幢板式建筑围合而成，南面较低，以一条缓和的弧线贯穿东西，在东端以椭园形的餐厅收尾。北面为大楼主体通过五个重复的序列，使整个楼出现较有特色的韵律。单体立面简洁大方精致，用实墙及玻璃幕墙的变化来表现建筑的整体性，墙面上均匀的划分和色带的使用，使整个建筑浑然一体。外墙经过防水处理。

整个基地范围内有40000m²绿化面积，其中将近10000m²的水面，办公楼之间由四个内庭院间隔，使整个办公环境大为改善，缓和了办公区域紧张的气氛。

结构设计采用现浇钢筋混凝土框架－剪力墙结构体系。基础采用PHC桩，桩径400mm、桩长32m，持力层选为第7-1层。研发楼长96m，不设置构造伸缩缝，为了确保工程质量有效控制有害裂缝的出现，尽量减少无害裂缝数量。

生活给水系统采用恒压变频泵供水系统，室内消火栓系统和自动喷淋系统采用稳高压消防给水系统。

上海第二医科大学附属第九人民医院外科病房综合楼

设计单位：上海市卫生建筑设计研究院有限公司

主要设计人：陆毅、许崇伟、王正雷、虞礼立、王家润

本工程的基地位于第九人民医院所在地内的东北角，西临门急诊综合楼，北侧为内科病房，东侧紧邻院外居民住宅。工程于2002年1月完成设计，2003年9月竣工使用。

在总体布局中，新建外科综合楼尽可能偏西北角对角线布置，与周围绿化连成一片，与原门诊楼等周围建筑保持着良好的间距，使其有着良好的通风系统，并对医院原有建筑的影响降到最低。

大楼主入口设置在西北角，以接近来自西侧门诊楼的人流。大楼的底层为医院放射科，兼顾门诊和住院病人使用，利用楼层中间较大的柱网空间来布置机器设备。北侧主要作辅助用房，使病人与医务人员分区明确。底层东南端大空间作为候诊使用。大楼三、四层为手术室，共有20间，每层均可作为独立的单元手术室的布置形式，采用先进的中央集中式，人流、物流分区明确。

在二层集中设置了ICU层，包括PACU，各有床位12床，两间ICU、PACU之间设置控制室，视野宽敞有利于抢救。

五至十四层为各科标准病房，每层为一个护理单元，南面为病房，北面为医护人员用房及辅助用房，护士站设在大楼中央为开敞式。

立面设计中力求新颖、美观，既有医疗建筑简洁大方的共性，又具有独特的个性，平面根据使用功能有凹凸变化，体形丰富，立面新颖，并充分吸取了医院原有大楼部分建筑符号，相互融洽。

本工程为地下一层，地上十四层的高层建筑，在三、四层之间设2.2 m层高的设备层，紧贴主楼西侧设有三层裙房。结构设计采用ϕ650钻孔灌注桩，有效桩长43 m。上部采用框架剪力墙结构体系。

裙房与主楼之间联系密切，建筑要求不能设缝，为此，采取了先施工主楼，待主楼沉降相对稳定后再建裙房，严格控制主楼绝对沉降量，目前使用情况良好。

中国科学院上海药物研究所迁址浦东张江项目

设计单位：华东建筑设计研究院有限公司

主要设计人：张建华、王宇红、闵加、左鑫、张红霞

本项目在总体设计中充分考虑功能要求和环境的配合与统一。基地西、南两侧为城市道路，东、北两侧为城市公共绿化带。因此，将有与外界工作联系需要的综合办公区设于基地的南部。将要求环境相对安静、舒适的实验、科研区域设于靠近城市绿化带的东北两侧。药理实验楼与化学楼之间形成一个围合，围合成以取得更佳的环境效果及良好的日照与通风要求。同时为科研人员提供了一个休息、交流、思考的空间。交通组织上做到人车分流，道路等级明确。

本项目包括了主要单体建筑，其中：综合办公楼位于基地南侧，面积约为5429.71m²共三层。平面上分为三个主要区域分别为：办公区、陈列会议区与图书馆。办公区位于整个建筑的主入口。具有良好的采光及便捷的交通，利于对内及对外交流。底层西南侧设200人座的报告厅。陈列会议区位于建筑西南角，为建筑整体中较为突出的一个部分。图书馆位于建筑西北角，具有相对安静的内环境。

化学实验楼和药理实验楼位于中心庭院的北侧。从事药物研究和分析。平面布局为中间走道，南北两侧布置实验室。整个实验楼为矩形，东西长约78m。

动物房位于基地的东北角，紧靠绿化带，以此取得良好的外环境。设计分设为三层。二层主要饲养SPF级动物，洁净度等级为10万级。设计考虑清污分流，分设清洁出入口和污物出口。

上海国家会计学院（原名：中国注册会计师上海培训基地）

设计单位：上海建筑设计研究院有限公司（加拿大B+H建筑设计事务所合作设计）

主要设计人：徐益珍、周晓飞、栾文俊、戴建国、朱学锦

本工程位于上海青浦徐径镇，属上海西郊经济技术开发区中的文化教育用地，基地总面积为400亩，建筑总面积为5.2万m²。它是一所高层次的现代化及专业化的教育培训基地。

在总体设计上采用自然与规则相结合，利用自然的地形、地貌、河流及绿化，创造一个优美、安静的校园环境，主出入口及车道区域设置于基地的西南角附近，用于教学、学术研究的主要大楼和会议中心在总体上位于基地的核心部位。8m宽的步行大道贯穿基地的中心，连接主广场及主要干道，作为基地的轴心，在视觉、功能上把所有的建筑联结为一体（即教学楼、多功能厅、图书馆、娱乐中心、宿舍、花园及室外的综合体育场）。在总体上同时考虑动－静、生活－学习分开的合理布局。

本工程**结构设计**除学生公寓、教师公寓采用现浇钢筋混凝土框架－剪力墙结构体系，其余单体采用现浇钢筋混凝土框架体系，现浇梁板式楼屋盖。教学楼下设大型地下室停车库，基础采用天然地基上的筏型基础，学生公寓、教师公寓基础采用筏型基础加预制钢筋混凝土方桩，其余单体基础采用天然地基上的独立基础或条型基础。本工程由于建筑物的平面丰富，体型复杂，长度较长，地基基础设计根据有关要求进行并严格控制建筑物的绝对沉降与沉降差异。学生公寓、教师公寓采用沉降控制复合桩基础。

第二军医大学附属长海医院胸心疾病诊治中心楼

设计单位：华东建筑设计研究院有限公司

主要设计人：苏元颖、魏飞、葛东霞、史佩华、董浩

本工程为新建胸心疾病诊治中心，包括胸心疾病病房和康宾病房。总建筑面积为28145.68m²，地下1层，地上18层，屋面高度为70.85m。

本项目在总体设计中，充分考虑了基地的北侧和西南侧分别有历史保护建筑：原上海博物馆以及著名的飞机楼。为保证历史建筑形象的完整，在总体上建筑平面采用“L”型，退让至东北角，尽可能减少对历史建筑的影响。

住院部功能分区明确合理：医生区位于护理单元西侧，位置与病房区和护理区相对独立，为医护人员创造了洁净与安全的工作休息环境。护理区位于“L”型的转角部位，居于护理单元的中部，视野开阔，便于护士对病区的监护，同时护理路线便捷，大大提高医护人员的工作效率，减小护士的工作强度。病房区沿建筑东南侧布置，均有良好的朝向，具有充足的采光和自然通风，利于病人的休养与康复。

病人、医护人员、洁净物品及污物均有独立入口和专用电梯，整个大楼人流与物流，洁与污分离，交通流线组织合理有序，充分体现医院建筑的流线特点。

上海古象大酒店

设计单位：华东建筑设计研究院有限公司（冯庆延建筑师事务所（香港）有限公司合作设计）

主要设计人：翁皓、陈璐、严敏、吕燕生、徐琴

本项目位于紧邻南京路步行街的中心地段。建筑地下二层，地上24层，建筑总高100m，共设客房402套。酒店主体建筑呈弧形展开，朝向北侧城市绿地和南京路商业街，主楼的形体舒展大方，椭圆形门厅对着商业街绿地（现改为世纪广场），整个造型突出而醒目，形成了与周边环境的沟通和对话。11m通高的落地玻璃，加强了室内外空间的沟通与交流，引入了室外优美的城市环境景观。

建筑的**立面设计**采用四周以圆弧交接，形态柔和，处理简洁大气。主体运用横向条窗与两端楼梯间竖向的形体及深挚的凹槽对比，玻璃、铝板和石材的交织运用，细部的线条的勾勒，形成光影层次变化，构成丰富而和谐的立面效果。

设计针对市中心基地狭小，合理组织人车流线，精心安排酒店的前后台关系。在九江路和汉口路分别设机动车单向出入口，地下车库的出入口与此对应，以形成车流的顺畅。

酒店内部功能分区明确，流线清晰，互不干扰。整个室内布局合理，遵循以人为本的原则，方便客人的使用。客房室内及走廊设一定比例的开启窗，做到了自然排烟，起到了节能的效果。

漕河泾12期厂房

设计单位：上海现代建筑设计（集团）有限公司

主要设计人：武申申、胡俊泽、黄卫、李瑶瑛、王志芳

本项目位于桂平路、钦州北路的交界处，由钦州北路南北二块基地组成，基地总面积27545m^2；厂区由4幢5层、2幢8层、1幢21层标准厂房及其1幢1层辅助用房组成，其中建筑总面积55741m^2，建筑密度0.268，建筑容积率1.95，绿化率30%，停车位103辆。

设计于2002年9月，2004年竣工验收。

项目总体设计在基地中部东侧重要的城市景观节点上，建筑群体围合成"中心绿化景观广场"，成为整个厂区"生态景观之核"，21层厂房布置在广场重要的景观位置，与5层、8层单体厂房围绕核心广场呈放射状的布局结构，功能带与绿化带相间，单体厂房建筑群布置将原生的自然生态环境引入整个园区，与生态景观相互交融、渗透。

建筑单体标准层平面均按标准厂房设计，人流及货流分开，配以厕所、茶水等生活辅助设施，21层厂房底层为大堂、商务、办公。建筑的立面设计，既突出了高新科技极度富内涵的特点，又从节能、造价控制等角度考虑，尽量避免使用玻璃幕墙，将每层独立空调设备与立面有机结合，建筑形体力求简洁大方，色彩高雅、明快。

在**结构设计**中，21层厂房采用框架—剪力墙承重结构，充分利用建筑两端的楼梯、电梯井道布置结构剪力墙。建筑中部布置大柱网框架。楼层为现浇钢筋混凝土梁板布置。基础采用高强混凝土预应力管桩，桩长为41m。5层、8层厂房均采用框架承重，楼层为梁板布置，基础也采用高强混凝土预应力管桩。

舟山市航海职业教育培训园区

设计单位：上海工程勘察设计有限公司

主要设计人：李勉映、范永娣、邵海龙、肖芊、谢伏初

本工程位于浙江舟山市临城新区，南侧面临大海。用地面积23.5hm²总建筑面积8.9万m²。2002年8月设计，2004年5月竣工。园区规模为96班，学生4220人。

这是一个集教育，培训，会展，招商为一体的综合性园区，在“航海教育”的主题下，有机的进行组合使之连成一体。

在总体规划上，所有的建筑设计均以南北朝向为主。外突的柱和构架以及遮阳板形成不同的阴影。即丰富了立面效果，又有利于节能和采光。设计中心还利用地形，水面和建筑平台。营造出大片花木草地，形成立体的绿化效果。

南入口在临海路上与主入口处于同一条主轴线上。标志性的园区图书馆座落在轴线的尽端，联系着教学楼和试验楼。图书馆底层架空。使南入口与主入口贯通。底层的绿化与室外的草地融为一体，成为读书的安静场所。两部室外的大楼梯直达二层大厅和阅览室。即满足了功能要求，又强化了中轴线的完美性。

图书馆面临大海，建筑以层层的退台方式营造出不同的观海平台。拉近了园区和大海的距离。园区内的各种建筑造型设计着重表现碧波连天的大海气息。着重表现对航海培训开发的特色。动与静的联系与分隔，是建筑内涵的演绎。体育场馆集中设置在临长路的一侧，由风雨操场，田径场及标准的游泳池组成，并配备了10m的跳台。

结构设计配合建筑的造型要求，采用轻快新颖的框架结构。基础采用柱下独立承台桩基。

真北路市场服务中心

设计单位：上海浦东建筑设计研究院有限公司（上海东方建筑设计研究院合作设计）

主要设计人：朱邦范、张燕、孙丰、贾晓海、沈权芳、吴晓清

本工程位于真北路和梅川路十字交叉口的西南地块上，占地面积3.15hm²。整个商务区东部由一号楼十八层综合性办公楼为主体；二号楼大型展示厅及地下车库三部分组成；西部区域由一幢三层高的服务中心和两幢三层的酒店式办公楼组成。

一号楼位于东北角呈南偏西朝向。平面布局以长方形为主体，结合东南转角处的圆弧处理手法，奠定了主体造型的基本特征。一号楼内部分别安排会议展览和餐饮等内容。立面处理重点在建筑物的顶部、底部和建筑的东南两面上的处理。入口处的上部设有玻璃盖顶的灰空间。二号楼用于为商业展示。三、四、五号楼以酒店式办公为主。

结构设计一号楼地下1层，地上主楼18层，裙房2～3层。裙房在地面以上部分设抗震缝脱开，地下部分则由地下室连成整体。主楼为框架剪力墙结构；裙房为框架结构。2号楼地下1层，地上4层。采用框架结构，主楼与2号楼基础采用预应力管桩+筏形基础。3～5号楼地上3层，采用框架结构。基础采用预制方桩+独立承台基础。

中山医院天马山分院

设计单位：上海三益建筑设计事务所

主要设计人：柯江林、祝宇梅、李歆、姜莉、蒋敏

中山医院天马山分院伴于松江天马山东山麓边缘，占地1.2万m^2是体检培训中心，主要由三幢休养楼和一幢综合楼组成。

本设计重点在于创造园林式的静谧、温馨、优美的室内外空间环境，充分体现疗养、体检的功能。

由综合楼、长廊和入口大堂共同组成了小区内“静”和“动”的隔离带，使休养区内绝对不受干扰。每幢休息楼通过廊子与综合楼相连，休养楼之间组成2～3个不同体态的室外庭院。休养楼、庭院、长廊、综合服务楼共同组成功能完整齐全的疗养区。

单体建筑风格处理体现了山地建筑风貌。

设计中结合基地周边环境，从内部环境景观入手，对基地进行改造，尽可能保留基地内原有树木。将基地改造成了从南向北起伏的缓缓坡地，顺应坡地将溪流水引入。通透的玻璃木构长廊把基地分隔为了动静两个区域：西侧依山而建为疗养康复区，东侧为综合体检区，区域间山光秀色相互渗透。

三金大厦

设计单位：上海中建建筑设计院有限公司

主要设计人：孟晓平、方奕枫、俞敏毅、侯波、陈涛

本工程位于建国西路73街坊98号地块，东临襄阳南路，为街区转角处，用地面积4959m^2，总建筑面积30366m^2，层数地上30层 地下1层，建筑高度95.65m。1996年9月2日至2001年3月28日设计，2003年5月27日竣工。

三金大厦为集商住、办公、商业于一体的多功能综合大厦，功能设置复杂，基地形状不规则，东西向窄南北向长，北宽南窄。总平面布局将塔楼安排在基地东北侧，从北侧设专用通道进入，保持了住户的私密性和安全性；四层裙房则紧靠塔楼东南侧沿襄阳南路布置。基地南端为集中绿化。

塔楼平面设计为蛙形，最大限度的利用了南向阳光，这个平面形态形成了主楼错落有致的体形。裙房采用大面积的虚实对比，精致的细部构造，体现出商业建筑的特色。

主楼结构为剪力墙结构；裙房为框架结构。主楼基础采用桩筏；裙房为承台桩。

供电方式采用220V/380V三相四线制，照明单相220V动力三相380V。

上海机场（集团）有限公司建设开发业务用房

设计单位：华东建筑设计研究院有限公司

主要设计人：郭建祥、张建华、余凌云、徐志敏、瞿迅

本工程的总体设计，充分考虑建筑与城市干道及周边环境的协调，以等腰直角三角形作为基本形体组织建筑布局与环境设计，将建筑主要立面与场地主要景观展示给城市主要干道启航路，从而，城市获得了一个良好的、开阔的景观面，建筑成为塑造机场良好景观的积极元素。

在建筑设计中，公司业务用房功能相对单一，主要设有办公、会议、多功能厅、档案室及餐厅等。单体平面采用L型布局，以良好的平面利用率实现建筑的功能要求。利用高差转换，抬高建筑的主入口地坪，安排不同的功能单元，很好地解决了二层大空间多功能厅拔掉柱子后的结构梁转换问题。入口门厅为1～3层贯通的中庭空间，是整个建筑的焦点所在，也是室内外空间转换的枢纽。

建筑造型简洁、精致、高雅，通过简单形体的穿插及细部处理体现建筑本身的特性。三角形与L型之间的形差在入口部位构成了视觉的焦点。下部，渐次而下的水景坪、拾级而上的大台阶、大坡道，将视线导向入口；上部，米字格梁既再次强调了入口空间，又创造了丰富的光影效果；中间，通透的玻璃幕墙弱化了室内外的空间界定，促成了室内与室外、建筑与环境的融合。

上海恒瑞医药有限公司

设计单位：上海核工程研究设计院

主要设计人：赵尔昌、葛鸿辉、朱松华、陆碧红、徐欣

本项目位于上海闵行文井路279号。2002年2月10日至2003年3月11日设计，2004年8月5日竣工。项目总用地面积44435m²，总建筑面积37342m²，其中一期总建筑面积26842m²。

总图设计以园林设计和景观的营造相结合，创造优美舒适的花园式工厂环境，绿地率达37.2%。建筑外型和空间组合具有鲜明的时代感，强调了高科技医药企业的外观。

整个厂区的布局合理，分区明确，主要的单体通过连廊相互连贯，浑然一体，方便使用，有利管理。立面设计注重建筑形体和空间的组合，使其具有鲜明的个性。公共空间的入口处理庄重大方；由铝板和玻璃有机结合组成的建筑外墙，配以顶部的拱形钢架，强调了现代建筑的轻巧和精美。综合大楼和车间顶部的机翼形顶部装饰板，在整体上产生了强劲有力的视觉效果。

本工程**结构设计**主要单体为研发中心、生产车间、公用会展楼、办公楼，均采用钢筋混凝土框架结构体系，框架的抗震等级为三级，楼面、屋面均为现浇钢筋混凝土，基础为桩基及独立承台，各单体之间设置沉降缝。屋顶装饰构架采用轻钢结构。玻璃及铝板幕墙结构形式设计采用小单元幕墙形式，干挂花岗岩幕墙设计采用短槽式石材幕墙形式。

本工程暖通设计重点是研发中心的洁净室空调系统和实验室变风量空调系统。其中楼中水针、冻干制剂区的净化级别为：10,000级、100,000级；固体制剂区的净化级别为：300,000级。

上海紫泉饮料有限公司新建厂房一期工程

设计单位：上海核工程研究设计院

主要设计人：卓裕杰、孙昂轩、程晔、陆佩芳、叶剑云

项目位于上海市闵行区紫江高科技园区内，用地面积107959m²，总建筑面积55252m²，容积率0.53。2003年8月30日竣工。

本项目为生产饮料的专业厂房，由于工艺等因素的需要，厂房的体量十分庞大。建筑物采用钢筋混凝土的框架结构。由于大跨度采用了钢结构屋顶，外立面主要以轻质砌块作外围护，局部为和屋顶呼应而采用了彩钢板作装饰。增加了整体使用年限，沉稳，气度，显示了整体设计庄重大方，屋顶采用弧型设计，很大程度缓解了屋顶排水不畅问题。建筑设计中，还装饰设置了10m的出挑雨蓬和屋顶采光，解决了雨天装卸货物和厂房内采光问题。

由于专业流程较为烦琐，各功能区联系十分紧密，又不得交叉，主要分有货物生产流线，人员操作流线，人员参观流线，又可划分为洁净区域和非洁净区域，洁净区入口设置了风淋杀菌消毒设施，外来人员参观，设计参观走廊，并在走廊两侧设大面积玻璃窗，各区域的生产状况一目了然。

厂房和仓库的**结构设计**采用单层钢筋混凝土柱框架结构体系，屋面为轻钢结构屋盖。办公楼为三层钢筋混凝土框架结构体系，楼，屋面为钢筋混凝土梁板体系。基础采用钢筋混凝土独立承台加方桩基础。办公楼局部大跨度结构采用预应力大梁技术。

本工程供电方式采用放射性供电，分别由变电所配电至终端箱或设备。

本工程结合该厂的生产特点和环境条件进行了消防、给排水和暖通设计。

达记家纺实业公司－厂房、综合楼

设计单位：上海浦东建筑设计研究院有限公司

主要设计人：张燕、陆雄、周成功、钱李慧、张慧芳、郑振鹏

厂区位于浦东新区唐镇工业园区内，基地面积约55900m²。厂区建设分两期开发，一期用地约36300m²，总建筑面积为19469m²，单体包括综合楼和厂房各一栋。2002年8月～2003年8月设计，2004年5月13日竣工。

本项目的总平面设计为厂区布置顺应场地形状布置，沿工业区规划道路一侧布置三层综合楼，场地东侧布置单层厂房一座，主入口设在工业区规划道路上，出口设在上丰路上。生产厂房和综合楼两组建筑之间形成院落式的空间，内院布置绿化、叠水等人工环境。生产厂房分为生产加工区与配货区两部分。单体为一层，局部设夹层，并用钢结构外廊与综合楼联系起来。

综合楼平面呈K字型。综合楼的内部空间丰富，每层均有中庭空间。办公室不再成为封闭的空间，中庭把工作、工作之余的休闲结合在一个共享空间。办公部分为退台式，每层都有阳台，更近接触环境。

本工程厂房长度为170m，宽度65m，设为25m、20m、20m三跨，采用单层门式刚架（轻钢结构）：纵向柱距中间为10m，端部为9.4m，柱梁均采用焊接组合工字钢，钢材为Q235；屋面和墙面均采用压型钢板；基础采用钢筋混凝土独立基础。

综合楼为三层钢筋混凝土框架结构，高度为15.5m，柱网为7×7m，柱断面为600×600mm，框架梁断面为250×700mm，楼（屋面）板厚为120mm，基础采用独立承台桩基。

上海紫竹科学园区科学广场

设计单位：华东建筑设计研究院有限公司

主要设计人：沈久忍、杨明、胡信、包昀毅、叶俊

本工程位于上海市闵行区，沿莲花路两侧，北起东川路，南至广场路。由莲花路分为东、西广场。为紫竹科学园区核心部分及标志性建筑。工程由六个单体建筑和两个下沉式广场组成，六栋办公楼沿广场路由低至高弧形展开，其中一号楼为地下一层，地上四层以园区行政办公为主，并拥有电信，银行及规划展示等服务配套设施。二号楼至六、七号楼为科技孵化楼。除二号楼为半地下一层，地上6层（局部3层）外，三至六、七号楼均为半地下一层，地上8层（局部4层）。

科技孵化楼采用大型采光中庭的空间手法。办公楼标准层由采光中庭分割为南北两部分，屋顶安装倾斜轻钢屋架，设金属百叶及钢化反光玻璃百叶覆盖中庭。东西广场内每栋办公楼间均有联廊联接，建筑外立面为铝板及镀膜反射中空玻璃幕墙，造型独特优美，充分显示了高技派的设计风格，与科技园区的用途极为吻合。

东、西广场均建造大型下沉式广场与喷泉人工弧形水带，以水作为科技建筑空间与自然空间之间的分隔，形成绿化场地和建筑广场，建筑倒影在水中，建筑，绿化与水景交相印衬，将环境之美与建筑之美融合为一体。

华东政法学院松江校区公共教学楼

设计单位：上海华东建设发展设计有限公司

主要设计人：罗凯、刘云、皮岸鸿、刘艳霞、毛亚平

本工程紧临上海市松江大学城华东政法学院校区北入口，总建筑面积约34000m²，内含大小种类型教室与模拟法庭共108间、万余座位，建筑层数为4层。

华东政法学院前身是原上海圣约翰大学，校园为中西合璧的古典浪漫主义风格。公共教学楼意在延续老校区文脉，体现“古朴典雅、内敛稳重”的传统，传承老校建筑文脉，创作新历史主义的校园建筑形式。

公共教学楼采用中轴对称的古典式平面，设南北两个门厅：楼北侧为校园入口广场，楼南侧两翼环抱成围合式广场，用三拱连廊连接东西两侧，向北形成北校门的对景，朝南形成长方形古典景观水池的前景。公共教学楼平面上划分为教学、实验、办公与停车辅助用房四大部分，使用功能布局合理，科技含量高，不仅满足了现代教学要求，且促成了新颖独特的特色教育风格。

教学楼立面设计力图再现古朴无华的华政情愫，造型处理突出文化特质，采用了精心锤炼的古典构图手法和人体工学的“黄金分割”尺度，处理成经典的三段式立面比例。

教学楼由对称“E”字型平面组成，拱门居中，连廊分两翼。结构设计时考虑到其体型复杂性，结合平面布置，在适当位置设缝，既满足建筑造型的需要，又使结构体型合理紧凑。基础设计结合地下室统一考虑，使地基梁，地下室底板，桩承台连成整体，增强基础刚度，起到均匀地基沉降变形的作用。部分大教室立面退台较大，采用部分框支结构形式。

扬州市供电局(公司)生产经营调度用房

设计单位：上海建筑设计研究院有限公司

主要设计人：钱平、施丛伟、包虹、胡戎、项晓春

本项目建筑设计具有较明显的时代特征和标志性，建筑造型挺拔，细腻的幕墙构造线条、平面圆弧的线型与十字路口的其他三幢建筑相呼应协调，且建筑南面后退红线50多m，让出了城市的空间使其成为扬州市新的地标建筑。

主楼建筑西南为办公和调度用房，裙楼沿西南道路为经营、营业大厅等用房。主楼采用椭圆形建筑平面，在东西二端开口，并设交通竖井，这样使标准层平面面积较小的主楼有了中部最为经济的使用空间，亦为顶层设置大空间的调度大厅创造了条件。

西端交通筒体作为整体建筑的重心，向上逐渐演变成通讯微波塔，形成楼塔一体的造型特点，成为视觉的中心。外立面采用中空透明LOW-E玻璃幕墙，最大限度地减少了光污染，又达到了较好的节能效果。横向的弧形挑板勾勒出主体建筑的优美曲线。垂直的分窗与西端的塔楼呼应，突出了主楼挺拔向上的建筑气势。

宜川中学整体改建

设计单位：上海城凯建筑设计有限公司

主要设计人：马耀华、杨华、贾维刚、赵阳、梁明

宜川中学位于普陀区华阴路，基地面积29390m²。整体改建工程按照上海市示范性高级中学的标准进行设计，规模为48班。主要有教学实验楼、学生艺体中心（食堂、体育馆）、报告厅及专家楼等，设200m环跑、100m直跑运动场。

由于基地形状不规则且有一市政排污管道贯穿南北，设计力求避免这一不利条件。建筑物、道路、操场等布置与周围环境相协调，功能分区明确。整个校区分动静两大分区。设计中将道路顺应管道并调整为圆弧布置，主入口设在基地南侧华阴路上，面对主入口设综合教学实验楼，在主入口东侧设报告厅。学生艺体中心（食堂、体育馆）设在洛川路的次入口附近，操场设在基地中部靠近学生艺体中心一侧，由于用地紧张，综合教学楼设计为12层，实验楼为8层，高层部分功能为办公、阅览、图书等。

内部道路沿教学区外设置，车辆不进入教学区。在学生艺体中心地下设机动车库，设49停车位，车库出入口直接与次入口连接。校园步行系统通过主入口、教学楼前广场，穿过教学楼到达学生艺体中心，尽大化地与机动车道分流，增加校园的安全性。

教学楼的室内空间设计是围绕着中庭结合带状走廊开始的，通过首层敞开式入口延伸到室外广场，室内、外空间浑然一体，加之各楼层走廊的挑空；靠近报告厅处的室外楼梯设置了宽大的平台，提供了学生丰富的课间交往活动的空间。

教学楼结构型式采用框剪结构，其它建筑物均采用框架结构。

联洋居住区E地块－商娱楼

设计单位：上海建筑设计研究院有限公司

主要设计人：钱平、贾水钟、赵俊、叶谋杰、万阳

本项目位于浦东新区花木行政文化区内，整个居住区中心的西南部。凭借其南面的世纪公园大型绿地。卓越的环境氛围也为设计提出了新的挑战。

总体设计是以一个独特与周边项目完美融合的综合性建筑。商娱楼北面保留原有康复中心。疗养所则加以改造共同组成为康复疗养中心，原有欣华宾馆则改造为娱乐中心，与商娱楼通过连廊构成一个整体。南临城市干道规三路；西临一所九年制中学；而东面则通过绿化带与东面的城市干道芳甸路分隔开。在芳甸路设置商娱楼的主入口及绿地广场；沿建筑北与原有欣华宾馆的庭院间设地下车库入口；南侧可供分菜场交通车辆出入，菜场与商业中心之间设置玻璃中庭，形成室内步行商业街；西侧亦有消防通道连通，并沿商娱楼西侧形成消防环通道。

建筑由三部分体形构成，椭圆形的建筑底层设分菜场，二层为商业，并与弧形主体商业通过一玻璃中庭构成一个整体。弧线展开的商业娱乐中心构成了E地块通面芳甸路的背景，并延伸至欣华宾馆的保留建筑，通过连廊形成一个整体。三部分体形围合成的绿化庭院内便是罗丹广场。

整个建筑以多立面组成。采用铝板与玻璃幕墙相接合。

结构设计商业中心由三个单体（A、B、C）组成，结构型式为多层框架——剪力墙；B单体单面长度为72.600m，且附带层高5.0m地下室。A、B、C单体间屋面均有网架相连，A、B单体间还设置双层跨度为20m的钢结构通道。主梁采用箱形断面。

给排水设计采用了恒压变频供水方式供水；室外污废水经收集后直接排入污水处理站达三级排放标准后，再排至城市污水管网。

罗店北欧风情街

设计单位：上海建筑设计研究院有限公司

主要设计人：段斌、徐益珍、路岗、朱家真、戴建国

本项目位于上海宝山区罗店，用地面积约99527m²，总建筑面积约70万m²，为小型商铺、展馆。

罗店新城在总体设计上给人们提供丰富的商业空间，并给人以新的感受。利用步行街及游息空间将各个商铺和展馆连成一片，利用不同的建筑高度，不同的立面材料以及不同的细部设计，使得每一栋建筑都有自己的个性和特色。广场周围布置室内或露天的市场，还有展览等空间。这些不同的广场具有各自的特点和功能。同时利用精美的石头铺砌配以优美的绿化环境，形成具有北欧风情的新城。新城的周围车行有组织的环通，机动车停于新城的外围及中心绿地下，做到有组织的人车分流。

三个广场的基本概念是斯堪地那维亚环境景观的浓缩。开阔的田园、草地、树林——开敞、半开敞、封闭。市场广场是一个开敞的空间，两侧有成排的树木，在靠近运河的一侧有一栋主要建筑，里面是市场和餐馆。树荫下是室外咖啡座和其它休闲服务。市场广场上的建筑是一栋风格独特的建筑，也是风情街的标志性建筑。建筑的屋顶采入天光。南边的广场，是一个开敞的商业活动空间，两侧有树木遮荫。总高差约1m的宽大台阶，使广场感觉朝向运河。广场上的主体建筑是一栋以展览为主的文化建筑，广场四面临水，南面朝向湖泊。小树林沿着运河以自然的布局环绕着广场。这栋展览建筑位于文化广场，面向湖泊。草坪这里采用比较自由的构图。在花园里有一些浮起的平台，用于不同的活动和功能。大面积的种植围合出较小的适于各种活动的空间。树木应种植得比较稠密，四季有不同的花和叶的景象。绿化广场全部为树冠所覆盖，几何型布局的树木分布在整个广场上，形成一种有个性的结构。

本工程大部分为3~5层的商铺，另外还包括一些多层的展示厅和地下停车库等辅助建筑。上部结构均为钢筋混凝土框架体系，现浇钢筋混凝土梁板式楼盖，内外填充墙采用钢筋混凝土砌块砌筑。

上海金山众仁护理院

设计单位：上海市卫生建筑设计研究院有限公司

主要设计人：王晓峰、施洪相、王正雷、章迎钜、徐惠端

本项目位于上海市金山区枫泾镇枫阳路258号，用地面积为51561m²；拥有护理床位400张；总建筑面积18483m²。2002年5月完成施工图设计，2003年5月30日竣工。总平面设计布局紧凑，功能分区合理，各种流线分开，互不干扰。主入口设在南侧枫阳路上，次入口（后勤供应入口）设在白牛路上。围绕护理楼和食堂、单身宿舍布置一条4.5m宽的环形道路，将主入口和次入口沟通，绿化率达65%。主体建筑（护理楼）布置在基地南侧，平面呈"工"字型，南北楼均有适当的间距，保证日照良好，且对称布置，分前后左右四幢单体共九个护理单元和一个门诊医技单元。四幢单体通过三层高的中央大厅和门诊医技单元连接，中央大厅平面呈"十"字型。立面设计为北美风格，全部为两坡或四坡屋顶，屋面由暗红色瓦铺砌。工程设计符合"一城九镇"的规划要求。

本工程**结构设计**以第②层土作为天然地基持力层，并选择了适当的基础宽度以减少软弱下卧层对沉降的影响。因平面尺寸较大且体形较为复杂，结合建筑使用功能分成若干独立的结构单元，减少了沉降的不利影响和混凝土的收缩应力，有效地提高了结构抗震能力。

军天湖中心监狱

设计单位：上海浦东建筑设计研究院有限公司

主要设计人：张燕、周旭红、谈福生、钱李慧、蔡鸣

本项目位于皖南地区，总用地面积约350亩，总建筑面积约42088m²。

2001年12月～2002年7月设计，2003年9月30日竣工。

军天湖中心监狱处于北高南低的山坡地上，分行政区和监区两大部分。行政区设在南端，方便于干警与家属的工作和对外交通生活。行政区内部又分为位于东侧办公区和西侧生活区两部分。监区在整个地块的北端。监区内监管区及习艺工厂分开设置，医院、食堂及犯人浴室等污染源建筑都设在下风低洼处。

结合军天湖北高南低的地形特征，本方案在总体空间设计上刻意营造一种庄严有震撼力的空间序列。整个监区以一宽30m的道路为辅线，从行政区大门—监区大门—监舍形成了富有节奏感的空间，建筑成组紧凑布局。立面以三层为主，配以精细的广场及植物，减小建筑及外部空间尺度，在庄严大方中求得宜人的尺度。

监区内将最主要的建筑——监舍做为轴线的底景，依靠山势组合成高低错落的体形，形成具有强烈三维透视效果雄伟庄严的监区主体形象，监舍组团平面错落中蕴含着强烈的秩序感，奠定了整个监区的空间脉落；教学楼设在主轴线东部，与监舍相对应，二者在对比中达到统一完整的平面构图。

本工程二十多个单体，均为单层或多层建筑，上部主体结构采用了砌体结构和现浇混凝土框架结构，习艺工场采用混凝土排架（钢梁），彩钢板屋面；楼屋面均采用现浇混凝土结构

中科院上海分院研究生教育基地（中科大厦）

设计单位：上海工程勘察设计有限公司

主要设计人：陈磊、项炯、薛斌、李照、肖继东

项目位于徐汇区中科院上海分院院内，东侧为好望角酒店，北侧为分院园区，西临岳阳路，南接肇嘉浜路。是一栋集研究生教学、科研和生活用房于一体的综合性建筑。地上26层，地下2层，基地面积：3318m²，总建筑面积：27167m²，建筑高度为82.3m，2000年10月～2001年12月设计，2004年3月竣工。

建筑设计 平面功能分区有序，出入口和垂直交通的合理布局解决了不同功能间的交通组织和管理。公寓部分每三层有一独立的共享空间，打破了常规的以层为单位的组织形式，扩大空间感，给交流行为营造场所感。

立面注重形式和功能的统一，主立面分别在3层，5层和6层逐步内退，形成阶梯状向上的趋势，扎实的基座体现教育建筑的特性。材料运用、风格构成、细部设计上充分尊重周边的建筑。

由于建筑功能的不同而导致结构体系三项超限，设计中运用SETWE和SAP程序进行设计比选，针对薄弱部位和薄弱层重点加固，并在构造处理上采取一系列措施以达到规范要求。基地紧邻上海市保护建筑，基地面积小，施工条件困难。为了协调沉降，整个结构设计了沉降缝，伸缩缝和其它控制和协调沉降的措施。

埭头镇政府大楼

设计单位：同济大学建筑设计研究院

主要设计人：陈振翔、孙黎霞、闵竺、钱雪峰、孟欢

镇政府大楼新址位于镇的南侧，用地37850m²，建筑设计规模为8500m²左右，建筑1～3层，由办公主楼、办公辅楼、大会堂、后勤休息楼及食堂五个单体组成，相互之间由连廊结合。设计于2003年3月完成，2004年3月29日竣工，同年4月10日验收通过。

经多个方案的比较，设计紧紧把握此建筑体的风格融合当地的民风民情，融入大量中国建筑元素，色彩与植被充分融合。在总体布局上，将建筑物降低高度，增大密度。根据建筑使用功能独立分成五个单体，由连廊串合起来。并尽可能地利用原本的水系，其间配以林石花木，小桥溪水还原出江南水乡本色，营造了一个花园式的政府办公大楼群，达到了一种市民同政府的和谐气氛。

建筑采用框架结构，对超长部分的建筑单体，设置了不影响建筑美观的伸缩缝，并使结构在纵横两个主轴方的动力特性相近。在坡屋面的设计过程中对大跨度斜梁的节点进行了加强处理，并完整，详细地表达了各坡屋顶之间的衔接关系，确保结构的准确性与安全。

上海市统计资料馆

设计单位：上海工程化学设计院有限公司

主要设计人：刘清、徐华、郑卫、王剑琳、丁懿

本项目位于上海闵行区凯城路，其场地北侧紧邻莘城宾馆（原有建筑，属于上海市统计局），南侧为检察院用地。设计始于2002年2月，2004年4月竣工。本建筑地上为6层综合体，地下1层设有车库与设备用房。总建筑面积7017m²。建筑功能除收藏档案资料外，还兼有展示与大中小型会议等用途。

总体设计中，资料馆建筑平面呈U形，开口处朝向莘城宾馆的南侧客房，最大限度地避免了新旧建筑的采光、通风、噪声、景观等互相干扰，最大限度地实现新旧建筑的绿化资源共享。

本工程的建筑设计造型具有博大深沉的文化韵味，外立面采用咖啡色系高级面砖与白色氟碳涂料结合。建筑体块穿插流动，细部设计优雅细腻。内部交通顺畅，两部标准电梯，一部观光电梯。在建筑西北角二层处设有与莘城宾馆连接的空中连廊。

设计将主要资料库及消毒、整理、缩微、复印、查阅等辅助用房布置在一层，展示厅布置在二、三层，在二楼展示厅中间布置钢楼梯一部，以使展示厅成为一个可连续步行参观的贯通空间。会议及办公分别布置在4～6层。

结构设计采用框剪结构。上部U形结构体形不规则，为此设置了二道结构防震缝，形成三个较规则的抗侧力结构单元。纵向构件保持均匀变化，且加强构造设计，在保证结构的强度、刚度外，尽量使之具有变形能力和合理的延性。

上海出版高等专科学校图书馆

设计单位：上海高等教育建筑设计研究院

主要设计人：孙廷荣、邓晔、施军、蒋志龙、朱琴鹤

工程位于杨浦区水丰路，上海出版高等专科学校校园南部，基地呈梯形，西侧为校区前广场，为地上5层，总建筑面积5800m²，是集阅览、科研、展示和学术交流于一体的综合性建筑。2001年10月方案设计，2004年3月竣工。

总体设计的主入口设在水丰路上，图书馆正对校区中心广场，与主入口广场形成轴线对称关系，环抱着大片绿色草坪，以求得开阔的视野，使得校前区没有压抑感，同时体现出其作为学校中心建筑的地位。

图书馆包括：开架书库，阅览室，印刷博物馆，报告厅及办公用房几部分。各部分既关联又各特性，所以设计作适当分区，一层设开架书库及内部办公用房。保证各功能互不干扰。主要阅览空间多为南北向布置。

由于基地呈梯形，主体造型以体块组合为主，运用圆台，出挑的顶板，高耸的楼梯间雕塑墙，直上2层的大台阶，形成挺拔与舒展的强烈对比，丰富立面型态。通透玻璃面与厚重雕塑墙，突显时代感。

在**结构设计**中，采用变截面柱，1层局部柱间设置斜撑，以增加结构的抗侧移刚度，报告厅及中庭采用井字梁楼盖，结构合理，显现建筑美。

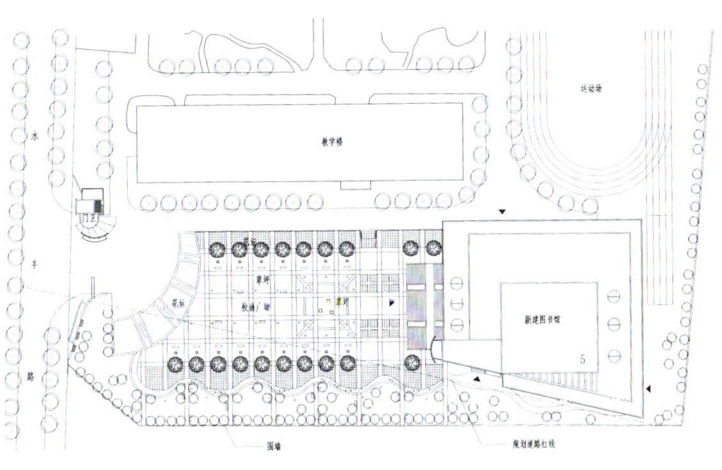

总平面图

神龙汽车有限公司新总部大楼

设计单位：上海城乡建筑设计院有限公司

主要设计人：姚敏、陈春燕、陈小荣、顾青、李华生

本工程位于武汉市沌江经济开发区，紧临神龙公司厂区。总建筑面积9647m²。2002年2月完成设计，2004年4月竣工。

在**建筑设计**中，建筑物采用水平向展开的多层办公形式，横向幕墙线条更加强了这种稳重的视觉感受。同时采用矩形与圆形建筑型体的组合加强视觉冲击力。建筑外墙采用铝板和半反射镀膜玻璃组合幕墙系统，配合金属遮阳板，形成钢与玻璃构成的极具现代感的外立面。

建筑内部包含了展示、会议和办公三种功能，采用不同的建筑体型区分不同的功能空间。

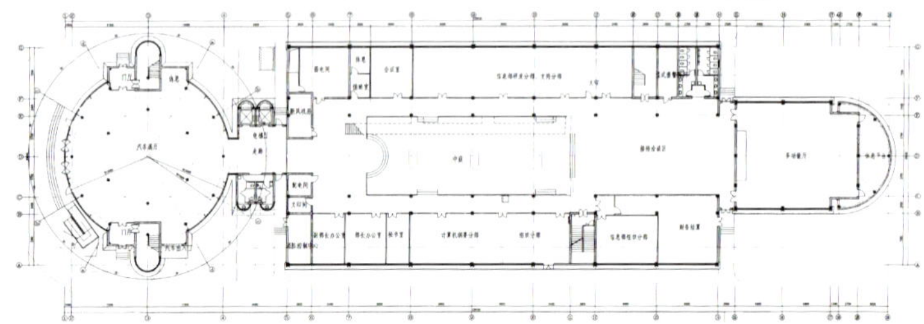

设计设置中央共享大厅，顶棚采用热反射镀膜玻璃和遮阳系统，以保证共享空间的舒适性，所有办公室均围绕共享空间，形成宽松、愉悦的办公环境。

本工程**结构设计**方面，抗震设防烈度为六度，抗震等级为框架三级。主体结构采用三道伸缩缝兼抗震缝把大楼分为3个结构单元。加强洞口周边楼板，提高楼板的配筋率；洞口边缘设置边梁；加强外围框架梁，增强结构抗扭刚度，有效控制结构的扭转。

本工程地下室设变电所，由厂区10kV环网网络提供一环10kV高压电源，并设置UPS不间断电源，变电后分区域、分类别采用放射式供电。

设计充分利用原厂区的常高压生活、消防和喷淋供水管网，不设置水泵和屋顶水箱。合理布置室内喷淋头和消防栓箱。

广州大学城（小谷围岛）市政道路及综合管沟工程

设计单位：上海市政工程设计研究院

主要设计人：徐健、王恒栋、杨科炜、李宏、王建

工程位于广州市番禺区的小谷围岛。工程新建道路总长60余km，本项目“设计一标”，设计内容包括整个大学城市政道路总体设计与总体协调，综合管沟设计、交通监控与道路绿化景观设计及道路总长计31.4km，相应的排水、交通标志标线及安全设施设计。工程范围包括主干路9.9km，次干路9km，支路12.5km。高架桥2座，跨河涌箱涵6座，人行地道箱涵2座；道路雨、污水管道工程、污水泵站4座，污水总量7.5万m³/d；综合管沟总长17.4km；交通标志标线、交通安全设施及交通监控工程；道路绿化景观工程。

设计于2003年5月至2004年3月，2004年12月完成竣工验收。

本工程纵断面设计在地形为丘陵地区起伏较大条件下进行，尽可能保留原有的山头，避免或减少大填大挖，设计人员在符合规范要求的前提下采用了较大坡度及较小的坡长的设计，营造了山区景观道路的特色。

综合管沟总长17.4km，系统布置了干线、支线综合管沟及缆线沟，形成目前国内规模最大、体系最完整、种类最全、容纳管线最多的综合管沟系统。本工程解决了管沟穿越河涌、人行地道箱涵、高架桥，以及位于地铁站台上方的难题，并开发了投料口自动开启盖板及综合管沟标准断面两项专利技术。

雨水排水设计合理制定了“二级排水，蓄排结合，分散出口，就近排放”的原则，污水管道设计充分利用地形，污水泵站采用全地下式，道路绿化景观设计遵循生态优先，以人为本的原则，引入了车速分析和节奏视觉概念，对交叉口绿化进行系统设计。在实施中保留了原有的古树名木。

苏州市竹园大桥

设计单位：同济大学建筑设计研究院（苏州市市政工程设计院合作设计）

主要设计人：戴利民、史佩杰、郭文复、郑本辉、李映

苏州市竹园大桥（现更名为索山大桥）位于苏州新区竹园路与京杭大运河交汇处，跨越京杭大运河，东接劳动路，西连竹园路。2002年1～6月完成施工图设计，2003年10月建成通车。

主桥结构采用三跨连续自锚式悬索桥体系，跨径组合33+90+33m，全长156m，桥梁全宽37.0m，主桥一跨过河。这座大桥的设计特点主要表现：

一、由于京杭大运河航道繁忙，为此，设计采用在两侧岸上设置由抗拔桩、临时锚杆张拉仓及抗推挡土板组成临时锚碇，利用它来解决钢梁的吊装问题。全桥共4个锚碇，每个锚碇225方混凝土。锚碇在整个工作过程中，运行稳定、可靠，投资经济。

二、结构采用三跨连续的钢－混凝土叠合梁的飘浮体系，塔梁分离。钢－混凝土叠合梁结构在自锚式悬索桥中的使用尚属首次。还解决了钢梁合龙时梁体重量对临时锚碇体量大小的影响。

三、采用线型流畅的半弓形无横梁主塔，造型新颖、别致。主缆产生的竖向分力由塔身的直杆承担，半弓形曲杆负责塔身的横向稳定；在直杆、曲杆之间，桥面人行道由此通过，塔身直杆部分下穿主梁。

四、由于桥梁跨径不大，主缆力相对较小，缆径较细。但内径要小得多，其受力要比大跨度悬索桥更加复杂，抗滑性能更难保证。设计为此对索夹壁厚、索夹长度、高强螺栓间距等参数进行比较。结果，抗滑系数满足要求，运行正常，可靠，外形小巧、玲珑。

杭州市西湖隧道工程

设计单位：上海市隧道工程轨道交通设计研究院

主要设计人：陈鸿、蔡岳峰、黄巍、林涛、蒋卫艇

本工程为位于杭州市西湖东岸的一条水底道路隧道，北起环城西路教场路交叉口，沿环城西路向南穿越六公园进入西湖湖底，平行于西湖湖岸于一公园处上下行分叉，南出口布置在南山路，南进口布置在解放路延安路口，整个线路呈倒Y字型。隧道分为西线、东线。西线隧道全长1415m，其中北侧接线道路80m，敞开段95m，暗埋段1070m，南侧敞开段93m，接线道路67m；东线隧道全长1335m，其中北侧接线道路80m，敞开段95m，暗埋段1055m，南侧敞开段78m，接线道路27m。

西湖隧道设计车速为40km/h，为城市次干路；隧道为小型车专用道，每条车道宽3.0m，通行净高3.2m；主体结构采用双孔双向四车道箱涵结构形式，采用明挖顺作法施工。工程于2002年12月28日开工，2003年10月15日正式通车。设计自2002年11月5日至2003年6月30日。

隧道结构设计中采用较为经济的隧道基底换填砂垫层的方法进行基础处理。换填层的厚度根据结构埋置深度从300mm～500mm，上面浇筑150mm的素混凝土垫层。在两侧岸边段采用200mm厚的素混凝土垫层。另外设计上还采取相应的措施减少地基沉降。

本工程湖中段的覆土较小，敞开段结构本身的重量也比较小，设计根据不同区段分别选择合适的断面尺寸，采用不同的结构抗浮措施。

无锡市金城大桥

设计单位：上海市政工程设计研究院

主要设计人：赫维索、章曾焕、何灏基、周德云、徐城华

本工程是无锡市金城路改建工程跨越京杭大运河的重要节点。2003年2月15日完成初步设计，2003年6月10日完成施工图设计，2004年4月10日竣工通车。

桥梁全长540m，全宽2×18m；主桥采用63+105+63m变高度预应力混凝土连续梁，三向预应力体系，悬臂浇注法施工；引桥采用22m先张法预应力混凝土空心板梁。设计车速60km/h，设计荷载为城—A级通航净高7m，宽60m，通航水位2.18m。

金城大桥是拆除老桥后的位置上重新建设新桥，所以处理老桥基础是本桥设计首要解决的问题。经比较，采用了不增加主桥规模的骑跨式方案，新老桩基共同受力。经采用Osterberg荷载箱法进行桩基荷载试验，新桩基承载能力达到设计要求。本桥骑跨式处理方法对其它老桥改建工程具有一定的借鉴意义。

金城大桥所处城市环境，周围建筑物密集，桥下有道路穿过，为减少桥下压抑感，获得较佳的建筑效果，本桥采用低高度预应力混凝土连续梁，支点处梁高5m（h/L=1/21），跨中梁高2.5m（h/L=1/42），低于连续梁常规的高跨比关系（支点处h/L=1/18～1/16），在国内大跨径预应力混凝土连续梁中属首次采用。本桥连续梁采用HDPE塑料波纹管和真空辅助压浆等预应力新技术。该技术具有预应力摩阻损失小、压浆密实等优点，可降低预应力钢绞线指标，并提高桥梁耐久性能。

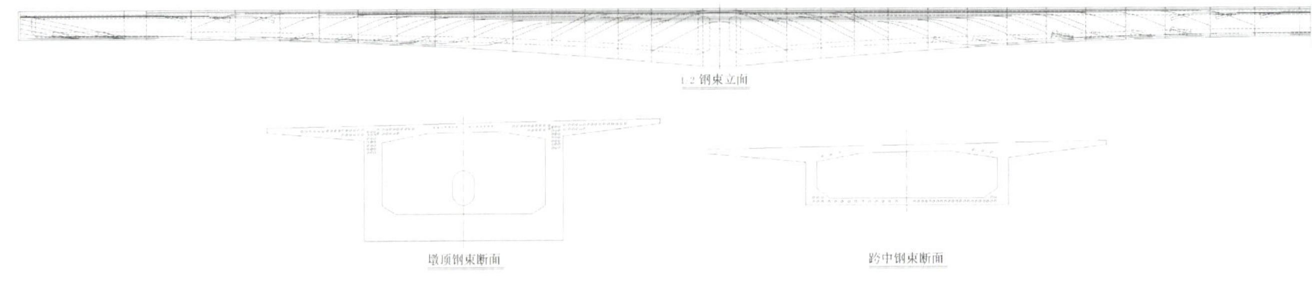

浦兴路(航津路～港城路)新建工程

设计单位：上海浦东建筑设计研究院有限公司

主要设计人：杜永平、凌宏伟、覃大伟、王宝红、白玉萍

浦兴路位于浦东新区高桥镇中心区内，全长3.08km。道路红线宽度：40～60m，为城市次干路Ⅰ级；计算行车速度40～50km/h。

道路断面布置为双向四快二慢断面，根据红线宽度不同，断面布置为两种形式：航津路～高桥港：红线宽度为60m，道路标准横断面为13.0m+3.5m+8.5m+ 10m+8.5m+3.5m+13.0m ；高桥港～港城路：红线宽度为40m，道路横断面为（3.5～8.0）m+24m+（3.5～8.0）m。

2002年11月28日完成设计，2004年10月12日竣工验收，2004年底通车。

本设计方案以"选用优质价廉材料"的设计思想，选择路面结构材料为密级配沥青混合料，能有效防止雨水下渗，避免造成路面早期损坏，又改善抗滑性能。

道路断面选取，充分体现因地制宜，以人为本的设计理念。设计营造了较好的道路绿化景观效果。在高桥港桥桥梁设计中，采用简支梁加装饰的设计方案，优化了初步设计中连续梁方案，既节省了工程造价，又体现了高桥港河道景观风格。

松江区砖莘公路跨线桥工程

设计单位：同济大学建筑设计研究院

主要设计人：陈鸿鸣、张哲元、方健、赵丽军、赵立成

本工程是连接上海佘山国家旅游度假区和闵行政府所在地莘庄的重要桥梁。横跨沪杭高速公路，主桥宽19m，引桥宽17m。主桥为三跨中承式拱梁组合结构，长131m，跨径组合28+75+28（m），总长395m，荷载等级为汽—20级，挂—100级，桥下净高5m；矢跨比为1/4.2，拱肋采用钢筋混凝土结构，工字形截面，横梁及主墩处拱座和纵梁采用预应力混凝土结构，截面为T形，立柱、上下风撑、桥面板及横梁为钢筋混凝土结构。端横梁为牛腿形，搁置引桥空心板以抵消端部负反力。以上预应力筋采用高强度的松弛钢绞线，锚具均为OVM15锚。吊杆采用高强钢丝，锚具为DM7-54。基础采用直径100m钻孔灌注桩。

为了在施工过程中掌握各阶段控制截面的拉压应变，在纵梁和拱肋埋设了32只钢筋测力传感器，敷设51片应变片，安装6只钢弦扰度计，实施了施工监测。

工程于2000年4月18日正式开工，2001年1月3～6日分别进行了两个半桥的落架及转体。转体时，每半桥重达2400余吨，顶推启动力为80t，顶推力为40t。整个顶推过程桥梁转动平衡，仅有微量振动。全工程于2001年4月完工。

上海市浦东新区申江路（巨峰路－五洲大道）道路工程赵家沟大桥桥梁工程

设计单位：中南市政设计研究院上海浦东分院

主要设计人：廖海峰、夏巨华、刘朴、赵杉、赵翔

赵家沟大桥是申江路跨越赵家沟的一个大型结构工程。全桥长395.6m，桥梁跨径组合为7m × 22m简支梁桥+87.5m主桥+7m × 22m简支梁桥，主桥采用下承式钢管系杆拱，主桥长87.5m，主桥宽44.4m，引桥为跨径22m的简支梁桥，宽35.6m。

本工程中，纵、横梁预制构件，通过纵向的纵梁钢束、桥面板钢束，横向的横梁钢束，有效地将纵、横梁、桥面板浇铸成整体，呈现整体的空间受力形态；拱梁组合使体系刚度大大提高。

因桥面宽度极宽（为国内罕见），为降低梁高，减短全桥总长，以节省投资，设计布置三拱肋，减小横梁跨径。纵、横梁、桥面板浇铸成一体，使梁部成网格状，呈现纵、横协同的空间受力形态。采用拱、梁组合体系；在不牺牲景观的前提下，适当加大拱肋尺寸，以减小梁部整体状态受力成为超低高度桥梁。

由于采用先拱后梁的无支架施工方法，本桥上部结构采用化整为零，分块吊装后浇注一体的设计方案。

设计还通过拱脚部分纵向预应力束上弯独特的预应力布置和加劲纵梁钢束的合理布置，利用部分永久顶、底面束作为临时束，实现临时预应力束与永久预应力束同一。

吴江市区域供水工程

设计单位：上海市政工程设计研究院

主要设计人：许嘉炯、郑志民、许大鹏、袁丁、张晔明

工程设计总规模为50万m^3/d，一期30万m^3/d，工程内容包括取水头部、900m浑水管道，净水厂，180km清水输水管和沿线3个增压泵站，工程投资约7.1亿元。供水范围遍及吴江市域，2个城区18个建制镇共计1177km^2。

本工程设计针对吴江市乡镇小水厂分散供水且水质差的现状，经多系统方案论证比较，采用集中建一座大规模水厂，并改造乡镇水厂为镇级供水站的集约化区域供水工程，体现城乡协调发展的方针。

由于太湖水域普遍存在有机物微污染和藻类暴发问题，在水源选择时，经对吴江太湖沿线及太浦河水质检测、调研，最终选择在太湖庙港太浦河入口上游处取水，水质为太湖中最好的一处，为Ⅱ类水。

在总体布置6个系统方案设计中，综合考虑取水位置和对应合理管网布置等因素，最后确定自东太湖庙港富强村建净水厂。

取水水源，水质虽好，但水浅，设计采取大面积开挖清淤加大水深，并在岸边种植长年生水生植物，营造湿地环境，减少风涌水现象对原水水质的影响。

本工程设计选择水处理工艺适宜。针对原水Ⅱ类水质和清水管网长的特点，采用常规处理工艺（机械混合＋折板絮凝平流沉淀池＋均质滤料滤池），加药除采用常规矾、氯及氨等药剂外，还考虑加石灰与加粉末活性炭等紧急处理措施，最终形成多点加药，三点加氯的投加体系，确保了出水水质和工艺安全。实际运行证明工艺设计是成功的。

主要机电设备采用高标准，采用高压液态电阻启动电机取得了良好的节能效果。水厂生产采用先进的PLC集散控制系统实现全自动控制，并结合180km输水管道布置专用光纤通信线路，将净水厂3个增压泵站和23个镇级供水厂整合成一个完整的控制系统。

乌鲁木齐市木材厂立交工程

设计单位：上海市政工程设计研究院

主要设计人：张胜、袁建兵、李宏、周建平、王萍

本工程位于乌鲁木齐市区的西北角，是该市外环快速路分别与放射线乌昌高速公路及东侧的河南路（城市主干路）所形成的组合式立交，也是迄今市区内最大的三层互通式立交，立交占地204.3亩，包括行车道面积63837m^2，桥梁面积11812m^2，通车箱涵2座，钢天桥1座，方案设计以满足交通功能为原则，结合人性化设计和景观设计理念，综合造价因素，通过初步设计阶段在多方案比选的前提下，确定最终实施方案。

工程于1999年4月至2000年4月设计，2000年4月开工，同年11月竣工。

立交总体布置充分结合现状地形的高差起伏，巧妙采用下挖和高架结合的方式，通过三层式立交（包括原地面下沉一层）解决了快速路与高速公路、主线与辅路两个系统间全互通的交通转向，立交方案交通功能齐全，在节约造价的同时也为乌鲁木齐这个西部重镇取得了良好的景观效果。

由于当地温差较大（达70℃），当地一般沥青钢筋混凝土路面运行一年即开始损坏。通过试验研究，

采用了新型防裂缝的路面结构组合，经观测，至今路面结构完好。

桥梁设计充分注意总体布置、结构形式的选用与起伏的地形相结合。在长直线的跨线桥上采用空心板梁结构，小半径匝道上，采用了连续梁结构，采用调整支承偏心的方法改善梁体的受力和稳定性。

上海国际赛车场给排水工程

设计单位：上海市政工程设计研究院

主要设计人：羊寿生、俞士静、彭弘、王彬、陆俊智

工程位于上海市嘉定区安亭镇，占地面积约为2.5km²。由于F1比赛时对车道的特殊要求，赛车道内不允许出现积水，遇暴雨必须能迅速排水，其雨水排水量大大高于一般的城市排水，雨水排水标准采用50年一遇的高标准，历时10min时雨水量达150m³/s，若赛车场雨水直接用水泵抽走，则配套的雨水泵站的规模将很大。因此雨水排水系统总体设计结合环境建设，利用赛道周围的景观水体作为调蓄池，起到切削暴雨引起的高峰流量的作用，从而大大减少管道及泵站的工程费用。同时调蓄池内蓄存的雨水可用作赛车场内园林绿化的灌溉之用。为了保持调蓄池的水体成为活水，巧妙利用赛车场周边4座雨水泵站的岔道管进行场外现状河道中的活水与场内水体的置换。

上海国际赛车场污水系统采用重力排水为主，真空排水为辅的模式，为了保证与上海国际赛车场周围建筑的和谐统一，采用全地下的形式，不设机械格栅，采用通过固体颗粒能力较大的螺旋式叶轮，无栅渣的问题。

在本工程的结构设计中，选用了合理的基础方案，进行结构体系优化，采用国外引进的ROBOT软件进行有限元分析计算，使池体的含筋量节约15%以上，在降低工程投资等方面取得了显著效果。

上海国际汽车城核心贸易区市政道路与桥梁工程

设计单位：上海市政工程设计研究院

主要设计人：俞明健、葛竞辉、金德、吴庆庆、蒋彦征

工程位于嘉定区安亭，也是属于安亭新一轮规划和开发的国际汽车城核心贸易区。本项目包括有二条道路，一条为墨玉路和公园路，是安亭汽车城核心区内首批建设的项目之一，是安亭规划道路路网中的骨架道路。

墨玉路长约3.9km，起点为沪宁高速公路国际汽车城立交收费站处，向北经西吴淞江，终点为民丰路；公园路长约5km，起点为墨玉路，向东经蕴藻浜、米泉南路、于田南路，终点为嘉松公路，二条路全长约8.9km。二条道路规划红线宽度为45m，断面布置6～8快2慢，设计车速墨玉路为50km/h；公园路为40km/h。本项目还含有大桥2座（西吴淞江和蕴藻浜桥）及若干座中小桥；有雨、污水排水工程。

本项目设计时间为2001年6月至2002年10月，竣工时间为2003年12月。

在道路横断面布置上充分考虑交通功能与景观相结合，这在上海地区还是首次采用。本项目既保证了各行其道的安全，又可结合景观融为一体，给人以新颖，美化的感觉，也符合国际汽车城核心贸易区的风貌和风格。是道路凸显在良好绿化环境中。

在桥梁工程中结合航道和景观要求精心设计，特别蕴藻浜大桥采用L＝45+72+72+45 ＝234m四跨连续变截面钢箱梁方案，总体设计上符合航道部分要求，跨径布置经济合理，在上海及全国同类型桥梁中跨径较大。

蕴藻浜大桥桥头地基采用振动沉模大直径现浇管桩新技术进行地基处理。这在上海地区还是首次采用，该技术成桩质量稳定，加固效果好，施工周期短，在与其他道路连接段工后沉降过渡方面更易调节与控制。

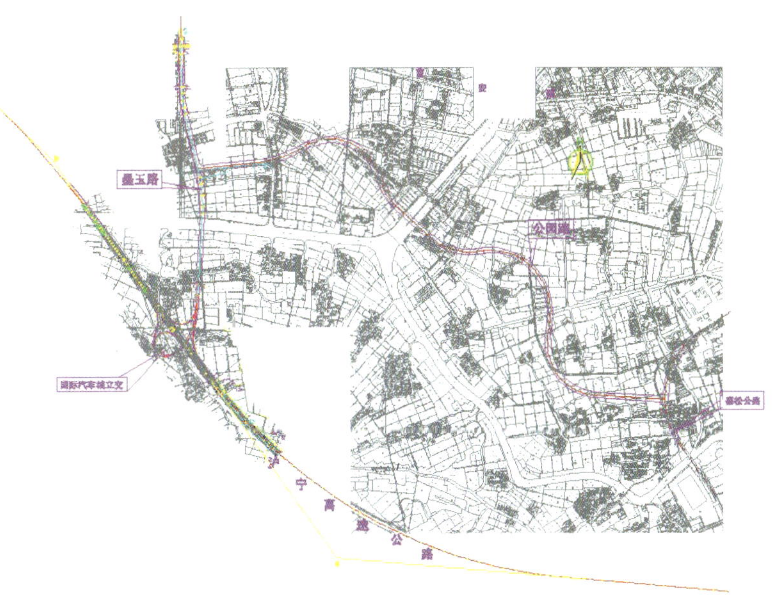

上海市郊区环线(A30)北段高速公路工程

设计单位：上海市政工程设计研究院

主要设计人：周玉兰、王士林、朱蔚、温学钧、李明娟

A30位于江苏省昆山市花桥镇，上海市嘉定区，宝山区三个区境内。路线南起同三国道与沪宁高速公路相交，向北，向东至宝山区境内的同济路，沿同济路向南至双城路，全长38.78km。其中在昆山花桥境内长2.35km，嘉定区境内长19.43km，宝山区境内长17km。2001年7月~2002年12月完成了施工图设计；2001年12月开工，2004年12月全线竣工通车。

设计对规划路线走向中存在的问题，分段进行了优化，缩短了路线长度309.88m，减少主线桥梁2座，从而节省了工程投资8260.4 万元；采用并板段设计后，节省了农田，少占农田79800m²，约119.7 亩。

优化后的路线走向符合上海市城市总体规划要求，其线型条件（平曲线半径，缓和曲线长度等）符合高速公路相关规范要求，线型标准与原规划线相比尚有提高。因此，车辆在公路上行驶，感觉平面线型缓和舒适。

设计中，设计人员采取适当抬高桥台后的填土高度和减薄桥梁结构厚度相结合的方法，缩短了主线桥梁长度约2.7km，节省了工程投资14467万元。

全线设有互通式立交8座；立交设置的位置合理，立交形式满足交通通行功能要求，蕴川路立交充分体现了近远期结合、预留了远期实施的匝道接口，立交以东部分匝道采取与辅道相接。

在设计过程中，设计人员根据不同标段地质情况，软土厚度、路堤高度、施工周期，分别提出了针对性的软基处理方案。

为了改善和减少软土地基上结构物与路堤的不均匀沉降，提高行车的舒适性和安全性，加快施工进度，节省工程投资，施工图设计对初步设计进行了优化，采用钢质波纹管涵替代部分钢筋混凝土箱涵。

桥梁上部结构主要采用简支板梁和简支T梁，曲线桥主要采用钢筋混凝土连续梁或预应力混凝土连续梁。桥梁布置合理，结构稳定安全，不均匀沉降小，线形优美，施工方便。

一桥二隧浦东接线道路改造工程

设计单位：上海浦东建筑设计研究院有限公司

主要设计人：王骏、覃大伟、崔丽芳、方锐、熊晓燕

2002年由新区区政府牵头，进行了"一桥三隧越江工程对浦东交通影响及对策研究课题"，根据交通流量的预测，对"一桥三隧"周边的路网体统分别进行定性和定量的分析，并初步确定了需进行工程改造的路段和方案。

根据"课题研究"结论，本项目是对"一桥二隧"地区现状路网进行工程改造，主要相关改造道路为：卢浦大桥区域——耀华路、长清路、德州路、成山路和西营路；大连路隧道区域——东方路、乳山路、商城路和崂山东路；复兴东路隧道区域——潍坊路、商城路和崂山西路，共计11条道路，12个路段；其中包括主干路1条、次干路2条、支路8条；道路规划红线宽20~50m；总长约11.68km。

本设计的特点主要有三：其一，工程设计与课题研究相结合，通过系统性的定性、定量分析，对"一桥二隧"地区路网梳理和改造，提出合理的工程范围，规模和工程措施；其二，本项目的东方路拓宽改造工程中（全长约3.9km，机动车道双向8车道），针对东方路的交通特点和原路面的使用状况，沥青混凝土面层的最小加罩厚度为10cm，有效成熟的路面材料组合和施工工艺，竣工通车至今（2年左右），几乎无反射裂缝出现；其三，通过多次试验路段的检验，制定专门的《旧混凝土板块注浆施工操作规程》，使合格率达到95%以上。

上海市磁悬浮快速列车示范运营线工程－110kV主变、牵引变电所

设计单位：上海市政工程设计研究院

主要设计人：沈伟德、王淳、徐琳、张震超、卢薇苓

工程全长29.86km。起点为地铁二号线龙阳路站。终点为浦东国际机场。全线设置二座主变 牵引变电所。分别设在龙阳路站东侧，和浦东国际机场西北侧的维修基地附近。本设计自2000年8月起，至2002年12月全部完成。

本工程采用集中式供电方式，电源引自城市电网，每座变电所由二回路电源供电，供电电压等级为110kV。二路电源运行方式为二路常用，互为备用。龙阳路变电所内设置二台主变（40MVA，110/20kV）。维修基地变电所设置二台主变（50MVA，110/20kV）。

主变/牵引变电所均为地面一层，局部二层及半地下室一层的变电所。主要电气设备设在地面一层。二层主要设置控制设备。半地下室（夹层）主要设置电缆、通风、冷却等设备。

本变电所的关键系统牵引系统采用国际先进的三步法设计，避免了在分段转换时对列车的推力下降。从而大大增加旅行舒适感（特别在加速和减速阶段）。由于牵引系统中采用了大功率的变频器，不可避免地将产生高次谐波，对公用电网造成污染。为此，设计中在20kV侧分别设置5次、7次、11次滤波装置。使滤波分量设计值不超过电力部门要求的规定值。另外在20kV侧设置先进的无功功率动态补偿装置。保证本电气系统功率因数不低于0.9。

本变电所采用国际先进的电磁兼容（EMC）及等电位连接设计。变电所内除变压器室，楼梯，厕所及二层储藏间外均在墙上和顶棚上安装热镀锌屏蔽网作为电磁兼容防护措施之一。同时整座变电所采用联合接地并在变电所内进行等电位联接。取得良好的屏蔽效果。为列车安全正常运行提供有效保障。

月浦水厂排泥水处理工程

设计单位：上海市政工程设计研究院

主要设计人：李钟佩、王如华、马骏、唐旭东、朱雪明

本工程是对40万m^3/d规模水厂的排泥水进行处理，是上海实施三年环保行动计划的首要工程，2002年1月~2003年8月进行项目设计，工程于2004年日12月5竣工。

设计过程中，首先对处理规模、处理工艺、长江水源特性、水厂排泥水的特性进行了研究。水厂大量原始数据分析和系列相关测定并采集，对关键的处理工艺进行了现场中试，为科学合理地确定工程系统处理规模提供了可靠的依据。通过试验，探索以长江为水源的水厂排泥水的浓缩特性、处理效果、运行参数、污泥脱水的特性、效果。设计过程中以科研为基础，针对长江水源水厂进行排泥水处理工艺，进行了系统方案的优选，并以科学研究的分析结果，指导有关处理工艺中设计参数的选用，取得理想效果。

设计在实地调研后，全面比选确定选用系统的关键设备——机械脱水机；排泥水处理系统中设置调节池及平衡调质池，使水厂生产与排泥水处理系统运行有机衔接，使系统的关键设备及整个系统能处于高效运行状态。设计采用系统物料平衡图方式，清晰表达出系统各种工况状态下的处理情况。在进行多方案平面布置比较后，构筑物设计采用叠合式布置，节约系统占地，并预留出远期建设用地。

本项目的水池结构计算有所创新，解决水池抗浮问题上也有较独特的方法；排泥处理系统低压系统合理、灵活，减少了薄弱环节。采用节能型电气设备降低能耗，提高了供电可靠性；排泥处理系统仪表选型成熟、可靠，维护工作量小。自动化系统配置：整个自控系统配置可靠性高。

上海国际赛车场道路与市政配套工程

设计单位：上海市政工程设计研究院

主要设计人：陈红缨、张芳生、王士林、彭弘、史春华

上海国际赛车场位于上海西北部的嘉定区境内，安亭中心镇的东北侧，嘉定市级工业区的西侧，是上海国际汽车城的标志性项目。

本项目是上海国际赛车场工程的外围市政配套工程，项目内容包括国际赛车场5.3km^2规划区域内市政配套工程；5.3km^2规划区域外，近期需要实施的市政配套工程。

实施的建设项目有：配套路网5条，全长约11km，基本车道数双向4车道，2座简易单点菱形立交，1座互通式立交，2座分离式立交，出入口1对；除立交桥梁外，另有14座中、小桥；雨水泵站2座。

2003年7月30日完成施工图设计。2004年5月竣工验收。

本项目的设计构思结合实际，根据F1赛事的交通特点，提出全新的设计理念和设计方法，采用交通仿真分析技术，利用静态与动态、定性与定量相结合的组合分析法，进行F1赛事期间的交通分析，以交通分析的最终结果确定建设项目。通过优化总体方案，妥善处理平时、赛事期间的地区交通关系，提出合理的建设规模，总体设计以采用技术成熟、经济合理、施工方便为原则，既方便施工，缩短建设周期，又减少工程投资。充分体现总体方案的灵活性、可变性。

上海中医药大学新校区工程桥梁涵洞工程

设计单位：上海科达市政交通设计院

主要设计人：邬妙年、王玮瑶、康鸣雷、李朝晖、张福绵

新校区位于浦东张江高科技园区科研教育区内，占地500余亩，总建筑面积155505m²。校区湖面及河道上建有5座桥梁与2座涵洞。

南北主干道①号、②号连续刚架板拱桥跨人工湖，计算跨径12.6+18+12.6m=43.2m，截面高度L/50，矢跨比1/10，桥宽21m；

④号、⑤号、⑥号双悬臂刚架斜板拱桥跨越三星河，河道宽18m，计算跨径5.75+13.5+5.75m=25m，截面高度L/37.5，矢跨比1/6，分别位于东西向主干道、校区北侧后勤道路和西南出入体育场道路，桥宽为27m、6m和8m；

图书馆西侧③号拱顶直墙箱涵跨越人工湖，联系南北主干道，跨径9m，顶板截面高度L/22.5，净拱矢度0.9m，矢跨比1/10，路面宽15m；

环廊下⑦号拱顶坡底箱涵跨越三星河与人工湖交汇口，跨径8m，顶板截面高度L/25，净拱矢度1.15m，环廊宽10m。

桥梁涵洞工程于2003年设计，当年建成，首创连续、双悬臂刚架式板拱桥与直墙、坡底涵身拱顶箱涵。

刚架式板拱腹孔梁、拱、墩采用钢筋混凝土矩形截面，腹孔梁、拱、墩与桩顶固结，无腹孔墩，桥墩

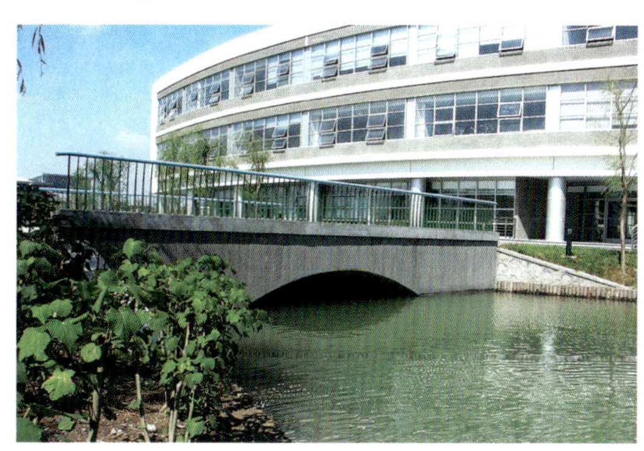

基础采用单排PHC600管桩。

连续刚架式板拱，桥台设活动铰支座，刚度大，截面高度小。双悬臂刚架式板拱，悬臂直接与道路相连，免除桥台，减少建筑高度。

拱顶箱涵洞身采用顶板拱形的钢筋混凝土封闭薄壁结构，洞口建筑为端墙式。墙身变形和填土抗力对拱形顶板产生推力，拱的推力能够减小截面弯矩，从而减小截面厚度、增大跨径。

拱顶直墙涵身结合垂直护岸使用，墙后反力总量大，过水面积大。拱顶坡底涵身沿着坡形河床砌筑。

本工程四种不同桥型均为现浇。

上海市轨道交通张杨路110kV主变电站工程（轨道交通4号线、6号线共用）

设计单位：上海电力设计院有限公司

主要设计人：杨正燕、徐征宇、祝达康、汪筝、秦皓

本工程是上海市轨通交通4号线、6号线共用的供电配套工程，为全地下三层布置的主变电站，地处浦东新区张杨路与东方路、世纪大道交叉口，建筑地下总深度18.2m，总建筑面积5383.9m²；主变压器容量2×63MVA+2×12.5MVA，为110kV/35kV/10kV三个电压等级的降压变配电工程，为国内轨道交通供电变电站（全地下型式）规模最大。

本工程2003年4月至10月完成全部施工图设计，2004年10月竣工，同年12月通过验收试运行。

本项目供电系统国内首创轨通交通不同线路供电资源共享的工程。

4号线、6号线电源由本站同时供给，从而节约了市中心的一个站址用地及建设投资，为实施两线共享，成功解决了兼顾继电保护配置和两条线的运行管理关系、供电计量方式等崭新技术难题，采用了新的主接线形式解决了共享和简化、可靠的目的。

地下结构外壁采用地下连续墙加后浇内衬，形成叠合结构，并在国内首创开发应用“带扩孔端的抗拔桩用于地下变电站抗浮设计”。

地下建筑通过采用自然进风，机械排风方案更适应地下变电站的主变散热安全运行和环保要求。在通风设备和系统设计中重点考虑节能、环保等要求。

上海市长寿公园

设计单位：同济大学建筑设计研究院

主要设计人：陆伟宏、王准、刘瑾、陈家修、刘灵

本项目东起陕西北路，西达西康路，南临长寿路，北至澳门路，围合面积约4hm²。

设计以“亮、绿、蓝、超、变、高、巧”七字为构思框架。

全园纵向中央蓝绿轴与横向主园路交通轴交会，按结构功能分区和地形围合，可划分为5个景区，以景生情。

中央景区——《普陀春潮》

景区中央由水渠引水形成轴线，上为清澈见底的长条形溪水渠，水岸两旁簇拥盛开的芙蓉如出水一般水灵。中心的绿色下沉展厅与“虹霓天桥”还构成了多度空间的“立交景观”。

东北景区——《沙船云帆》

普陀之夜，钢琴状的水广场，由优雅的背景音乐或强劲的音乐节拍和极富感情的音频以及镭射灯光交织出一片五彩缤纷的未来数字空间，加上飘忽迷离的雾状喷泉，将游人带入人间仙境，进入潜意识冥想的仙幻境界。

东南景区——《琴音枕流》

用跌落错位斜三角形组合叠加，并有节奏地种植了99棵墨杉，并结合道路搭配造型各异的湿地灌木，不断流动的人造溪水从斜三角形坡上、坡下跌落，从水森林墨杉树根四周喷发出来，一股股小小瀑布闪耀着光芒。以“九寨彩池”景观为底韵的“水中森林水上漂”的独特构思在国内是独一无二的。

西北景区——《绿谷花径》

景区用着色墨绿、黑苍色植物衬作绿谷的背景林，以近见远，景观深邃，强化并加大纵深透视的效果。平面图象征一架正在演奏的绿色竖琴，具有优美“线”条造型的花径，犹如竖琴的琴弦在振动，无声胜有声。

西南景区——《生命之树》

设计花径园路呈树枝自然舒展状，而花圃等反而呈方格棋盘式，路面为隐喻“生命工程”DNA结构，采用小方头弹石嵌草生态基因结构式园路铺地，并选用软质弹性双螺旋铺地，象征生命基因的奥秘。

沪闵路高架道路二期绿化工程（徐汇段、闵行段）

设计单位：上海市园林设计院

主要设计人：莊伟、俞莉萍、还洪叶、陈惠君、周乐燕

沪闵路高架道路二期绿化工程，全长约为6km，用地面积15.3hm²，分为徐汇段和闵行段。从外环线到柳州南路。

考虑到沪闵路为城市快速交通干道，绿带设计的功能定位是基本封闭的交通隔离带；景观绿化定位为简洁、亮丽、大气、突出重点。

本设计项目以保障道路行车和行人的安全，提高交通率为道路分隔带设计的主要原则，避免绿化遮挡行车视距和路灯照明；设计在保留原有绿化的基础上，绿化带植物色彩鲜明，花朵鲜艳，各路段形成不同的绿化特色：两侧绿带选用能抗粉尘、吸毒气、生长强健、管理粗放的抗污染性植物，开花和色叶花卉品种以及新品种的观花地被，合理搭配；组成由乔、灌、草及地被组成景观生态群落，中间绿带则选用能适于高架桥荫下艰苦环境生存的植物。

沪闵路环境景观的总体布局由高架道路下桥荫绿化、街景广场和休闲绿地、自然风景林带三大绿化空间构成。其中道路绿化与景观自然的绿化带为主要组成部分。

罗山路～龙阳路立交景观绿化工程

设计单位：上海浦东建筑设计研究院有限公司

主要设计人：韩璐芸、成婧、潘巍、王真、郑文建

立交位于浦东花木地区，它连接龙阳路、龙东大道、罗山路、罗山路延长线四条城市干道。工程北接杨浦大桥，南通外环线，西至南浦大桥，东往浦东国际机场，是上海中心城区最大的立交。也是城市内环线上的一个重要交通枢纽。整个工程面积达23.642万m²。由于周边环境决定其有更大的车流量和人流量，有更多的人可能会观赏到立交景观。二十几万平方米的绿地是弥足珍贵的，因此设计中充分考虑了观赏和功能上的完善，与现代化的城市风貌相协调。成为现代、生态、视角开放的城市化地区的公园式立交景观环境。

规划设计简洁、自然，充分利用保留河道，以“水”为中心，适当配以景石、小雕塑等人工造景。设计中主要以满足车行观赏需要为主，中心景区考虑允许少量游人进入游赏。景点主要包括中心环、水岸石景、疏林草地、水景雕塑四部分。

绿化配植以常绿为主，简洁、自然、疏密有致，同时点缀观花、观叶花灌木，以多样性的物种达到色彩丰富，三季有花，四季有景的景观环境。

上海市磁悬浮快速列车示范运营线主线绿化工程

设计单位：上海市园林设计院

主要设计人：莊伟、鲍承业、江东敏、周乐燕、忻苹

磁悬浮两侧绿带扩建工程西起高科路，东至川南奉公路，途径北蔡镇、张江镇、川沙镇和机场镇，可实施绿化面积142.2hm²。磁悬浮沿线绿化带由龙阳路至浦东国际机场北端，实施长度为25.82km（其中南汇段2.386km）。

本工程设计为确保磁悬浮快速列车的行车安全和节约投资，植物以花灌木和白花三叶草为主，不用乔木，少量使用高度不超过8m的亚乔木。

绿化布局上选用大色块种植，每个色块长度为260m以上，在靠近罗山路、迎宾大道处，考虑到地面道路景观，色块的长度为150～200m左右；靠近河道处选用金丝柳等速生品种；龙阳路车站处为绿化精品，布置雪松、桂花等，有小路、坐椅等园林小品，景观丰富；为节约投资，绿化施工不进土方，土方就地平衡。地形设计在中间电缆沟处标高抬高，向排水沟方向缓坡向下，自然排列；绿化施工中将现场建筑垃圾集中，堆埋在排水沟下或隔离网边，宽度1～2m，形成天然盲沟，以利自然排水；全线平均约1000m就有河道相隔，施工时，在两个河道相隔的中间土方坡度抬高，朝河道两边作微地形缓坡而下，以利自然排水。

上海市磁悬浮快速列车示范运营线两侧绿带绿化工程

设计单位：上海浦东建筑设计研究院有限公司

主要设计人：潘丽琴、陈宁宁、李兴、孙吉良、陈莉

本工程西起高科路东至川南奉公路，沿线经过北蔡、张江、川沙和机场镇，两侧绿带宽度为100m，局部块状绿地为200m宽。绿化总面积145.8492hm²。

总体设计以林带风格为主，力求通过大面积的林带片植以提高绿视率，并在磁悬浮两侧形成绿色屏障。设计中尽可能保留绿带中的原有植被，使绿带呈现一种乔、灌、地被有机结合的生态群落。以适地适树为原则，乔木选择尽量采用降噪、速生、成活率高的乡土树种，并且常绿与落叶合理搭配。在路口及局部景观区域种植较大规格的乔木、灌木和花地被以形成亮点。整个绿化设计以常绿乔木为主体，在水边种植垂柳、旱柳、金丝垂柳、黄馨、芦苇、菖蒲等。局部重点景观地段点植大规格香樟，桂花、合欢、榉树、银杏、红枫等，使景观层次及形态更为丰富。

地形设计因地制宜，以土方就地平衡为原则，满足自然排水。采用挖湖堆山方式来贯通全线沟系，并堆筑自然起伏的地形，使景观更加丰富、美观。同时高低起伏的地形也丰富了树木的林冠线，使绿化景观更加生动、自然。设计中水岸线的处理，形态各异的水面丰富了林带的景观。同时，在水边栽植水生植物，在水里放置野生鱼类，使景观更具有生态效益。项目自2003年3月设计，2003年12月竣工。

大众汽车一厂总装、油漆车间岩土工程勘察

设计单位：上海岩土工程勘察设计研究院有限公司

主要设计人：池跃升、顾国荣、吴伟锋、黄凤荣、黄美茹

大众汽车一厂总装、油漆车间为生产紧凑型轿车进行的技术改造项目，占地面积约64300m²，总建筑面积约97000m²，其中油漆车间建筑面积为58000m²。油漆车间跨度为18～21m，柱距6m，局部为12m；总装车间跨度和柱距均为24～30m；二车间要求的单桩极限承载力标准值均为3000～4000kN。桩型拟采用钻孔灌注桩。

本工程除具有勘察工作量布置合理有针对性，测试手段多元化，内容完整全面，分析透彻，结论明确，建议合理可行等优点外，还根据场区地质条件不同，建议在采用一定的保护措施前题下，本工程宜采用质量易于控制、经济指标较佳的PHC桩方案。提出在本工程中采用挤土桩（软土地区），并提出了合理的沉桩后试桩的间歇期。

对基础沉降计算参数的选取采用了野外原位测试、室内土工试验等多种手段，提出了合理的建议值，经实测地基沉降量与计算分析值基本一致。

上海市外环线浦东段工程～环东二大道工程勘察

设计单位：上海市政工程设计研究院

主要设计人：高大铭、俞兰棣、鲁俊平、印文东、杨振雄

本项目是外环线（环东大道、环南大道）、迎宾大道和沪芦高速公路相交的重要结点，为互通式立交桥。

根据已有勘察资料，拟建立交桥处为古河道沉积区，缺失上海地区的标志层⑥层硬土，而沉积了厚层的⑤3层软粘性土，其土层分布很不稳定，给桩基持力层的选择、勘探孔深度的确定带来一定的困难。因此，针对上述地层具体特点结合设计方案，设计人员进行商讨，编制合理、详细的勘察纲要和土试大纲，合理布置勘探孔，确定勘探孔深度和土、水试验项目，对勘探场地内绿化种植面积较广的具体情况，及时和绿化管理部门取得联系，对施工操作制定了相应的措施，并付诸实施。野外勘探时在土层变化较大的地段及时增加勘探孔，查明了桩基持力层的分布和变化情况。

勘察报告在土工试验指标、原位测试资料及数据统计的基础上，对场地沉积环境和工程特征进行分析和评价，针对各条匝道具体土层分布情况选择相应的桩基持力层，满足设计要求，为设计人员能正确选择持力层和确定桩长提供可考依据。经施工证明，勘察报告所提供的土层分布、单桩承载力的确定等与实际相吻合。

福建汀江（永定）棉花滩水电站施工控制网测量

设计单位：上海勘测设计研究院

主要设计人：张勇勇、王以仁、尹正平、向光前、王玉成

本工程位于福建省永定县汀江干流棉花滩峡谷河段中部，距厦门145km。水电站水库总库容20.35亿m^3，装机容量600MW，属大型水利水电工程。也是九五国家重点工程。电站主要建筑物包括碾压混凝土重力坝（坝顶高程179m，最大坝高113m，坝顶长度308.5m）、泄洪道、地下厂房、引水隧洞等地下洞室。工程于1998年4月正式开工，2003年8月通过竣工验收。

控制网的控制区域包括主体工程的整个施工范围。控制网满足施工测量要求并兼顾施工期间及竣工后变形监测。因此该网具有一网多用，长期使用的特点。控制网和监测网两网合一，节约了工程投资。控制网按监测网精度进行技术设计。全网共有10个点，26条边，最长边957m，最短边94m，平均边长514m，48个观测方向，19个三角形，最大垂直角18°，最小垂直角0°28′。控制网采用高精度全站仪Leica TC2002观测。

由于测区位于深山峡谷中，树高林密地势险要，控制点高差大，通视条件差，因此选点造标工作困难。控制点全部建造混凝土观测墩和埋设强制对中基座。观测时使用塔式照准杆。观测后经计算，观测精度、平面控制网均达到了技术设计要求。工程竣工后控制网已作为监测网使用至今，点位稳定可靠。

华尔登广场二、三期工程勘察

设计单位：上海地矿工程勘察有限公司

主要设计人：蔡祖香、施麟丽、黄斌、李全章、朱火根

项目位于上海市徐汇区长乐路、常熟路、安福路及乌鲁木齐路所围成的地块内，总建筑面积约16万m^2。其中二期工程为办公楼，地上40层，高度186.40m，地下2层，建筑面积为87269m^2；三期为住宅区（A～G幢），建筑面积为76951m^2，其中A幢为地上43层，高129m，地下2层；本工程是集超高层办公楼及住宅、高层、小高层住宅、地下车库（地下1～2层、坑深-11.0m）等建筑于一体、属建筑物类型齐全的大型小区。三期工程2003年12月15日竣工验收，二期工程2004年6月28日竣工验收。

工程采用多种勘察手段，如钻探取土、静力触探试验、标标贯入试验、十字板剪切试验、扁铲侧胀试验、抽水试验、跨孔波速、土壤分析等，进行了详细勘察，对不同建筑物基础设计要求及各地层土性特征、优点，选择基础型式、桩基持力层及桩型的适宜性，提出了技术可行又经济合理的基础方案；并一次性通过审图工作。

上海市郊环北段高速公路工程测量

设计单位：上海市政工程设计研究院

主要设计人：顾汉忠、罗永权、瞿云、周志明、曹建军

上海市郊环北段高速公路是上海城市规划"15－30－60"高速公路网中的一条重要道路，为上海市重点工程。工程西起沪宁高速公路，东至外环线同济路立交，主线全长38.78km，为全封闭、六车道高速公路。

本项目为两阶段测量，自2000年6月至2003年4月，施工配合测量直至2004年。测量内容含（初、定测合计）：GPS-D级测量17+8点、一级导线初测74km、水准测量166km、地形测量1642hm^2、各类道路定线、纵／横断面测量各71km等。

在测量过程中，严格执行有关《规范》和技术要求，编写了详细《施测大纲》并在具体作业中严格执行，使各项测量成果满足高速公路设计、施工要求。其中，控制测量等成果取得很高精度：首级GPS-D级网中，85%的GPS点位中误差在1cm以内；一级附和导线的相对精度均高于1/2.5万（60%高于1/5万）。

在地形测量中采用细部坐标测量方式对主要地物进行准确测量，成图精度满足并高于1:1000测图要求，很好地满足了设计需要。中桩放样、断面测量成果经监理、施工等多方复测，质量好、精度高。

本工程测量中积极采用"GPS卫星定位测量"、"全数字化测量作业"等先进技术；研制并推广应用了《道路定线外业掌上电脑PDA程序》（含不对称缓和曲线计算功能等）、《道路立交内业CAD软件》等新编专业软件，既加快了作业速度又提高了成果质量，取得了显著效果。

浦东新区GPS加密控制网工程测量

设计单位：上海市测绘院

主要设计人：王传江、廖建雄、胡国生、朱鸣、姚文强

随着浦东经济的迅速发展，对基础测绘和工程测量提出了更高的要求。为了更好地使测绘工作服务于区域经济建设的需要，在浦东新区布设GPS平面加密控制网。

本网测区地势平坦，交通发达，大部分区域为经济中心和住宅小区，控制面积约523km^2。

按设计要求，经过现场踏勘，本网选定41个GPS点，其中新埋设12点。本项目使用8台ASHTECH单频GPS接收机，标称精度5mm+2ppm，采用静态载波相位测量。

本项目技术特点是进行方案优化设计，所设计的方案切合现场实际；利用全球定位系统，采用GPS接收机观测，上海市高等级平面控制网的测量方法从根本上改变了传统控制网的观测方法。点位精度优于相应等级控制网的精度要求；由于在技术设计中充分考虑了上海崇明越江通道工程中浦东至长兴的隧道建设，使本网能很好地为该重点工程提供控制基准。

本项目是上海市测绘院的基本工程，本次工程严格按照项目设计和专业设计的要求作业，GPS观测按照操作规范进行，外业手簿记录齐全完整。

浦东新区GPS加密控制网网图

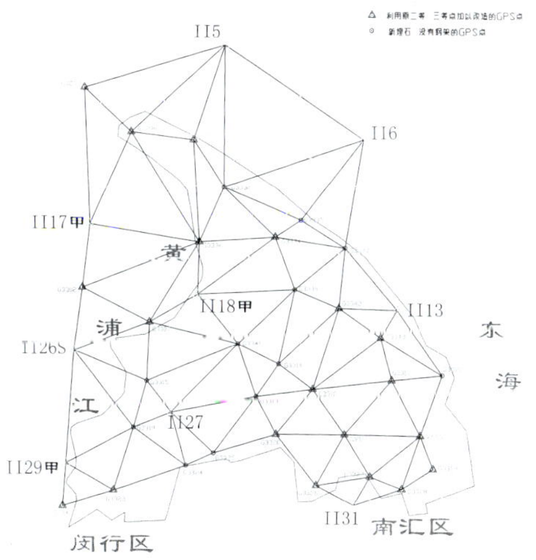

沪闵路高架道路二期工程勘察

设计单位：上海市城市建设设计研究院

主要设计人：夏川、项培林、汪孝炯、徐敏生、王凯云

沪闵路在上海市总体路网中是"三环十射"骨干路网中射线之一，是本市出入市中心区的南大门。

二期工程范围为外环线莘庄立交北端(柳州南路，全长5.4km。

本工程范围广，工程区域内施工条件复杂，工程两侧均分布大量地下管线，且南临地铁一号线，北靠居民住宅建筑群，使勘察方案的制定和实施面临困难。勘察技术人员经反复踏勘，以物探手段结合开挖样洞的方法，探明地下管线的分布情况，确保了勘察质量和施工安全。

在工程详勘中采用了取土试样孔和原位测试相结合的综合勘察手段，合理布置勘探点以及根据具体设计要求确定勘探孔深度。根据现场施工条件，及时调整勘察方案：如主线墩位主要位于现有沪闵路机动车道上，勘探施工及时配合在施工单位建好临时车道后翻交后实施。由于部分地段填土厚度大，将部分静探孔改为取土孔，并增加粉性土、砂土标准贯入试验数量，满足桩基设计与施工的要求。

针对线路工程特点，对场地进行了地质分区，并根据地基土的分布情况推荐合理的桩基持力层，沿线桩基施工对环境的影响作了详细的分析。推荐的桩型合理、古河道区采用不同桩基持力层桩长均为设计采纳。

经设计和施工单位检验，勘察报告所提供的土层分层、持力层埋深、单桩承载力设计参数等与实际相吻合。

上海IBM微科厂房工程勘察

设计单位：中国建筑西南勘察设计研究院

主要设计人：彭建华、许保树、魏沅东、崔孝凯、戴晓琴

本工程位于上海市外高桥保税区GSC1，GSC2地块。主要建筑物为办公楼、生产厂房、动力中心及其辅助建（构）筑物，主要生产微电脑印刷电路板。总建筑面积约100000m^2，主要建筑物大多采用钢结构，桩筏基础。

本工程于2001年6月开工建设，2003年7月竣工，经过施工期间及竣工后1年的沉降观测，累计沉降量均小于2cm，现在已基本稳定，工程已经过质检部门竣工验收。经勘察技术人员的努力，各项岩土工程参数达到了相当高的精度，尤其是桩基础设计参数，理论计算与实际试桩结果基本相同。

本项目除按上海地区常规方法进行勘察工作，由于美方岩土技术人员提出26项特殊的技术要求，为此，勘察报告除满足我国规范之外，尚需满足美方的技术要求，增加了工作难度，但技术人员在对美方技术规范进行详细了解后，很好地完成了勘察工作。由于本项目有较多管道铺设，建筑物占地面积大，填土方量惊人，因此对填土采取较多的勘察手段，如击实试验、土壤电阻率测试、以及大量的理论计算工作。经过技术人员的精心工作，提供的建议均为建设方采纳。

江南名邸住宅区岩土工程勘察

设计单位：上海豪斯岩土工程技术有限公司

主要设计人：肖鸿斌、秦承、金耀岷、郭建荣、陈强

工程位于闵行区朱行镇莘朱路178号，用地面积4.57万m^2，建筑面积9.89万m^2，为11幢10~14层高层、部分多层及辅助设施，下设一层地下室。勘察工作于2002年12月8日开始，同年月25日即提交成果报告，2004年3月工程峻工。

该项目拟建物形式多样，结构形式不同，要求的基础形式不同。勘察报告根据场地的工程地质条件和上海市经验建议分别可采用桩基、沉降控制复合桩基和天然基础条基，并针对不同的基础形式，结合不同的地层分布，进行了详细的分析，提供了准确的设计参数和施工建议。

勘察在外业阶段就及时整理分析资料，钻探、静探互相印证并合理安排和调整取土间距和原位测试。并做到工作量的合理有效，准确把握了持力层的埋深变化，为设计提供可靠依据。

为准确提供基础设计的承载力和变形参数，第⑤2层粉土层有针对性地分了三个亚层：黏质粉土、砂质粉土和粉砂。由此针对不同拟建筑物提供了不同的桩基持力层，并综合土工试验、静力触探和标准贯入提供了准确的桩基设计参数。分析了沉桩的可能性，建议合理的沉桩顺序，为施工提出有益建议。此外，本项目还从天然地基分析到桩基分析，提出天然地基和桩基的设计参数。

报告对基坑稳定性分析，进行了准确分层，土工试验提供准确的剪切强度、渗透系数和无侧限抗压强度等基坑设计参数，为围护设计提供了依据。

杭州市1:500基础测绘转塘测区项目

设计单位：上海岩土工程勘察设计研究院有限公司

主要设计人：程胜一、郭春生、张晓沪、褚平进、戚万权

杭州市转塘测区，位于杭州市市区的西南。测区北接云栖竹径风景区，东邻钱塘江，南面多农居和稻田，西部有山地地形，测区面积约21.0km^2。

杭州市1:500基础测绘转塘测区主要有4个特点：

1. 测量要求比国家地形测绘规范要求更加细致，增加许多国标规范中没有的细化内容；

2. 测量成果入库要求必须是MICROSTATION的95版DGN格式；

3. 21km^2测区内居民错综复杂，山地坡陡林密，西部、北部多造型奇特的别墅区，增加复杂度；

4. 总工期不足七个月，又碰到“非典”的非常时期工期紧，工作难度大。

数字化地形测绘中采用基于AUTOCAD平台开发的绘图软件，由于成功地将AUTOCAD的DWG格式文件转化成MICROSTATION的DGN格式文件。从而使ATUOCAD绘图软件进行内业绘图工作，在提交成果前，再通过开发的软件将数据格式转化一次即可，确保了整个工期和工程质量。

最终验收阶段，通过两天外业的巡视检查，设站测量检查，最终转塘测区1:500数字化地形测量成果被评定为优秀。

复兴(无锡)大厦二期工程勘察

设计单位：上海申元岩土工程有限公司

主要设计人：朱建峰、蒋红义、陈国民、王启中、徐凤昌

大厦位于南外滩中山南路、复兴东路西南角，主要为1幢42层商办楼和1幢6～8层裙房，商办楼为框筒结构，裙房为框架结构，地下设2层，总建筑面积约7.8 万m^2。

本项目的勘察所建议和推荐的桩基持力层和桩型科学合理，裙房建议采用桩长20m，桩径Ø600mm的钻孔灌注桩，单桩极限承载力的估算为2300Kap，实际静载荷试桩资料≥2400Kap，主楼建议采用桩长50m，桩径Ø800mm的钻孔灌注桩，单桩极限承载力的估算为7980Kap，实际静载荷试桩资料≥7800Kap，本次估算的单桩极限承载力与实际静载荷试桩资料比较吻合；

现二期42层超高层建筑工程已竣工准备投入使用，经2005年3月实际沉降观测资料显示，目前该高层建筑沉降量为42mm，满足设计要求，符合规范允许变形值，表明勘察报告所提供的沉降估算值及其他各项地质参数合理。

勘察报告中提供的基坑围护参数合理，为设计和施工提供了可靠依据。

沪闵路高架道路二期工程测量

设计单位：上海市城市建设设计研究院

主要设计人：曾绍文、刘永平、李友瑾、龚启昌、崔建国

本工程处于二端点及中间均有建成的构筑物情况下进行勘测、设计。本项目的测量平面控制点采用静态GPS技术，布设首级GPS控制网。考虑到该网首次施测到最终线路主点放样历经好几年，故须对原控制点进行复测，经复测后验证其中4点有6～7cm位移，此复测工作为主点测设和长直线放样奠定了基础。主点放样时采用初放、磨合、再精放，反复数次调正后再钉桩的方法，最终满足设计中桩点位限差±2.5cm的要求。由此可见本次中桩放样技术难度大，精度要求高的特点。

为了利用虹梅路立交工程曾预留三根立柱，设计人员需要其立柱中心坐标。该立柱为矩形倒角(R=8cm)，且立柱将近15m高，其底部为绿化覆盖，显然在立柱顶部及底部作业是不现实的，鉴于现场的情况，经方案讨论后采用辅助木模板投影法来解决。实践证明此方法简单、直观，是一个因地制宜，有创新且实用的测量方法。

客观的原因造成本工程时间跨度较长，从1997年开始直到2002年，为了满足设计进度需要，分阶段提供相应的资料。

本工程采用先进测绘技术，推广应用新编专业软件，效果显著。其中：《道路定线外业E500程序》、《纵横断面内外一体化系统》、《道路、立交内业EICAD软件》等具有较高的技术含量和实用价值。测量过程中积极配合设计、施工，获得多方好评，本工程与一期工程等原构筑物衔接平顺。工程于2003年12月竣工通车。

世和园住宅小区工程勘察

设计单位：上海协力岩土工程勘察有限公司（上海杨浦建筑设计有限公司合作设计）

主要设计人：范恒龙、叶奕章、汪学森、董为靖、董为光

住宅小区位于杨浦区国和路之南、民庆路之东地块内，占地面积47085m²，总建筑面积约为97870m²，2003年9月3日竣工。该小区由15幢11～17层住宅和2幢2层裙房及活动室、物业、变配电、水泵房等建构筑物组成；11～17层住宅上部采用短肢剪力墙结构，下部采用桩基础，裙房及活动室、物业等建构筑物上部采用框架和砖混结构，下部采用条形基础。

本项目的工程勘察方案布置合理，针对性较强，综合运用钻探取土、标准贯入试验、静力触探试验、小螺纹钻探、工程测量及室内土和水试验分析等勘察手段，满足了工程设计及施工对勘察的要求。

工程现场勘察始于2001年9月13日，至10月10日完成。施工过程中，严格按照勘察方案实施，对场地有古河道区域界线按规范要求进行了控制，正确地反映了古河道的分布范围及沉积变化情况，确保了资料的准确性。

通过了精心勘察，揭示了场地各岩土工程地质条件，且分析透彻，提供了全面的岩土工程参数，结论建议合理，对本工程地基基础设计和施工提供了准确可靠的依据。

四达路58号地块商品住宅岩土工程勘察

设计单位：中船勘察设计研究院

主要设计人：金淑杰、吕志慧、许丽萍

本工程（现名：世博花园）位于四平路四达路交汇处的西北侧，主要包括3幢24层、1幢18层、1幢16~18层、1幢9~16层高层住宅（均设一层地下室，埋深约5m）和地下车库（埋深约5m）等配套设施，建筑面积约79586m²，框架剪力墙结构，工程于2002年9月竣工。

本工程勘察任务包括钻探总进尺790.40m，静探总进尺555.00m，现场注水7段。本次勘察综合运用取土及原位测试（标准贯入试验、现场注水试验、静力触探试验）等多种手段，满足了工程设计及施工对勘察的要求。勘察工作量的布置综合考虑了建筑物的性质和场区地层极为复杂的特点，做到了既经济又合理。

由于场区浅部约13.7m深度范围内均为粉性土层，深部第⑧层土埋藏较浅，地质条件为复杂，通过工程勘察，针对每幢高层性质及其所在区域地层特点，分别为其桩基设计、基坑围护设计及施工提供了准确、合理得当的建议。

豫园鄂尔多斯广场地下车库

设计单位：上海市地下建筑设计研究院

主要设计人：陈解华、熊诚、杨钧、瞿肇明、蒋曙

本项目为单建、附建并存的6级人防工程，位于豫园地区的古城公园下，占地约10000m²。战时功能为战备物质库，平时为社会停车库。工程顶板上方局部有三层的商业建筑，工程地下总建筑面积9376m²。

车库结合地面总体布局设置出入口于基地的东南两侧，保证了古城公园B块绿化用地的完整性。人员出入口尽量与地面建筑结合，独立的出入口则设于景观广场两侧的绿地中，并做成开敞式，与景观协调。

作为商业建筑下的大型车库，设计在车辆的进出流线上，充分考虑了人、车关系。车流由丽水路进，福佑路出，完全避开了地面广场的商业人流，做到了人车分行。进出车道口留有车辆作短暂停留的场地，以满足旅游车上下客人的需要。

车库中间为进出车道，大车小车分置车道两边，平面分区明确，人防防护单元和消防防火单元归并，以合理兼用出入口。坚持以人为本的原则，地面观光电梯直通地下室，满足无障碍设计要求。同时库内还考虑了安全行车室，车辆零配件部等。

工程埋深受控于绿化覆土必须大于2.0m的要求，为了解决车型的不同净高合理控制埋深，设计将小车车位布置于地面是公园的基地北侧，由于其层高较低，而使顶板上有足够的覆土可种乔木；大巴士车位则设于地面有建筑的基地南侧，其底板埋深同小车位处，顶板抬高满足大车净空要求。通过减少无用的覆土，使地下地上的功能衔接更趋合理。

联洋年华(原联洋华庭)地下汽车库

设计单位：上海民防建筑研究设计院有限公司

主要设计人：俞帆、胡燕芳、李歆、蒋英姿、储燕

联洋华庭（现名"联洋年华"）位于浦东新区联洋社区板块。小区北靠丁香路，南临迎春路，西临长柳路，占地7hm²。小区共设有三个地下车库，其中位于小区中心绿地下的地下车库（三）为平战结合的单建式人防工程，防护等级六级，战时功能为二等人员掩蔽部。车库建筑面积5964m²，机动车停车位166辆／个，为Ⅱ类车库。车库长183m，幅宽35m，层高3.45m，埋深4.2m。2003年5月完成施工图设计，2004年通过竣工验收并投入使用。

车库采用长矩形平面，内部停车采用中间车道，两侧垂直式后退停车，内部的车道环通。车库东西各设一个汽车坡道出入口，单进单出，均接于最北侧的小区环路上。为方便居民在停完车后可就近到达住宅，车库与周边的高层住宅地下室均设地下连通道，设备及辅助房间（包括人防口部房间）尽量布置于南北两侧。

车库上方为小区绿化，上部因景观种植的需要，覆土厚度为1m。采用无梁楼盖结构形式。因无梁楼盖适用于规整见方的柱网，建筑根据停车位的布置调整柱网尺寸，柱距最终多为5.5m × 5.5m。取上述两方面措施后，车库不打抗拔桩即满足抗浮要求。

一、平战出入口与环境的有机结合

人防设计在考虑出入口设置时，首先尽可能利用汽车坡道及与住宅地下室的连通道，在无法满足出入口要求的情况下再增加室外阶梯出入口。由于阶梯出入口均位于小区中心绿地内，如何将出入口与景观结合，成为设计人员重点考虑的课题。为了出入口造型上的灵活性与可塑性，出入口尽量布置在倒塌范围之外。室外阶梯出入口及平时排风竖井的位置与景观设计公司进行了几番协商后，选择了一个最佳的结合角度才确定下来，保证不影响小区绿化的整体景观效果，并在出入口立面上保持与住宅立面及环境的协调统一。

二、平战转换措施实现平时效益与战备效益的双赢

车库作为平战结合的人防工程，首先必须满足平时汽车行驶及停放的要求。施工时采取了口部房间施工到位，平时车道处埋好预埋件，待战时再安装封堵钢板的措施。平战转换措施既避免影响平时使用正常功能及不必要的投资浪费，也能做到战前迅速完成平战转换，保证战时防护功能的发挥。

三、安装设计

在设计水消防系统时，根据消防规范，人防车库内设置了自动喷淋灭火及消火栓系统，为了节省甲方投资，人防汽车库与周边住宅使用一套消火栓加压泵组，经减压阀减压后供本车库使用，节省了泵房设备、占地，并由于住宅已设屋顶消防水箱，也解决了人防车库火灾初期的10min消防用水及平时的稳压问题。

银杏绿苑21号六级人防汽车库

设计单位：上海新华建筑设计有限公司

主要设计人：丁寿琴、曹国新、俞霞、沈永洁

本工程位于上海市普陀区桃浦路雪松路银杏绿苑住宅小区内，建筑面积3017m²，平时为小区居民停车库，暂时即为具有六级防护等级的人防工程，A单元为物资储藏库，B单元为人员掩蔽体，可掩蔽700人。2000年4～6月设计，2001年8月竣工。

总体布局根据地形特点采用对称圆角和局部阶梯形布置。平面布置紧凑合理，平时可停放84辆小汽车，面积指标达到35.9m²／辆，并利用汽车坡道下的有效高度设置储藏室，增加使用面积。为充分体现人防工程平战结合的特点，根据节能的要求，在顶板对称开设二个通风采光窗井，平时使用时能通风采光，临战采取封堵措施保证其防护功能。

本项目的**结构设计**采用梁板结构，在采光窗井四周设置受力梁，平时承受上部建筑小品的荷重，临战时梁上搁置工字钢后堆土，以满足防护要求。

通风设计中遵循平战结合的原则，战时利用平时的排烟管道进行平战转换，用阀门来控制平时和战时的不同通风方式。

在**电气设计**时，系统设置合理，层次清楚，采用人防工程顶板开孔，平时采用自然通风采光，大大节约了电能。

香梅花园(一期)B区地下车库

设计单位：上海民防建筑研究设计院有限公司

主要设计人：刘慧玲、董奕峰、余立峰、杨金婵、束闻璐

工程位于上海市浦东新区锦绣路，花木路的西南地块内，是结合小区绿化下的六级人防工程而建。建筑面积约7004m²，平时为汽车库，战时为六级二等人员掩蔽部。工程于2002年12月开工，至2004年3月全部完成。

建筑设计采用8m×6m的经济性柱网布置。由于层高对地下车库的埋深和造价有直接的影响，也影响到通风量的大小，工程采用了无梁楼盖的结构体系。工程分为两个防火单元，四个防护单元。根据停车数量采用两个单车道出入口，另有四个与各住宅地下室相连通的连通口作为防火疏散出入口；设计考虑尽量利用原有的汽车坡道出入口及地下车库与高层住宅地下室的连通口，作为人防防护单元的出入口，在原有出入口无法满足要求的情况下，增加三个出地面的楼梯出入口。工程将所有的进排风竖井处都能进行平战转换；为了提高通风质量，实行高空排放，减少对环境的污染。由于和景观设计单位的紧密配合，使增加的楼梯、排风竖井与建筑造型有机结合，不破坏整体的景观效果。

结构设计：根据本工程柱网8m×6m，顶板覆土600mm～1000mm，结构采用无梁板方案，顶板厚400mm，底板厚600mm，结构层高3.850m。为满足抗浮要求需设计抗拔桩，按结构顶板覆土完成后设计，并要求施工过程采取相应措施防止地下水位上升，这样可大大减少桩基工程的造价。

工程最长达136.800m，由于混凝土结构超长，水泥的水化热造成内外温差及胶凝材料的收缩变形，超长更会产生裂缝，破坏结构自防水封闭性，降低墙体承载能力。为此，设计采用膨胀剂加强带取代施工后浇带，也即在结构收缩应力最大的地方比相邻两侧多掺入膨胀剂，产生相应较大的膨胀来补偿结构的收缩。

在车库的智能系统设计中，设置了智能化摄像系统及感应式的车辆出入管理系统，并与小区的智能化安保系统联网，使小区的高科技化程度提高，使香梅花园成为一个高品味、智能型的生活居住小区。

2005 年度上海优秀勘察设计

获奖单位一览表

一 等 奖

项目名称	获奖单位	索引
上海国际赛车场	上海建筑设计研究院有限公司 德国Tilke建筑设计公司	002
上海东方艺术中心	华东建筑设计研究院有限公司 法国巴黎机场公司	004
中组部办公楼	华东建筑设计研究院有限公司	006
中芯国际集成电路制造(上海)有限公司工程设计	中船第九设计研究院 荷兰克里斯多工程有限公司（上海） 台湾潘冀建筑师事务所	008
宁波大剧院	华东建筑设计研究院有限公司 法国何斐德设计公司	010
中国浦东干部学院	华东建筑设计研究院有限公司 法国安东尼·贝叙事务所	012
越南国家中央体育场	上海建筑设计研究院有限公司 澳大利亚BVN设计事务所	014
上海市高级人民法院	华东建筑设计研究院有限公司	016
中国银联上海信息处理中心	同济大学建筑设计研究院	018
复旦大学附属中山医院门急诊医疗综合楼	华东建筑设计研究院有限公司 法国思构国际设计公司	020
明天广场	上海建筑设计研究院有限公司 美国波特曼国际设计有限公司	022
江苏电网调度大楼	华东建筑设计研究院有限公司 上海现代建筑设计（集团）有限公司	024
秦皇岛体育场	同济大学建筑设计研究院	026
上海市公共卫生中心	上海建筑设计研究院有限公司	029
绍兴大剧院	上海建筑设计研究院有限公司 上海现代建筑设计（集团）有限公司 (蔡镇钰建筑创作研究室)	031
百联友谊西郊购物中心	上海现代建筑设计(集团)有限公司（江欢成设计事务所） 美国捷得国际建筑师事务所	033
中福会国际和平妇幼保健院妇产科综合大楼	上海建筑设计研究院有限公司	036
上海市公安局办公指挥大楼	杭州市建筑设计院上海分院 上海新华建筑设计有限公司（地下人防区域）	038
上海浦东发展银行信息中心	上海建筑设计研究院有限公司 美国GENSLER设计事务所	041
崇明县寄宿制高中	上海现代建筑设计(集团)有限公司	043
天津泰达图书馆	华东建筑设计研究院有限公司 美国加利福尼亚城建集团	046
上海古井假日酒店	中船第九设计研究院	048
上海尚德实验学校	上海工程勘察设计有限公司	050

项目名称	获奖单位	索引
上海华山医院门急诊楼	上海建筑设计研究院有限公司	052
邓小平故居陈列室	上海建筑设计研究院有限公司	054
上海卢浦大桥工程	上海市政工程设计研究院 上海市城市建设设计研究院	056
太浦河泵站设计	上海勘测设计研究院 上海市水利工程设计研究院	059
大连路隧道工程	上海市隧道工程轨道交通设计研究院	061
上海大众汽车试验场工程	上海市政工程设计研究院 德国欧博迈亚(BOERMEYER)公司	063
沪闵路高架道路二期工程	上海市城市建设设计研究院	065
上海市白龙港污水处理厂工程	上海市政工程设计研究院 上海市城市建设设计研究院	067
上海市磁悬浮快速列车示范运营线轨道工程	上海市政工程设计研究院	069
长桥水厂老制水系统改造工程	上海市政工程设计研究院	072
广州市大坦沙污水处理厂扩建（三期）工程	上海市政工程设计研究院 广东省建筑设计研究院	074
广州市新机场互通立交工程	上海市城市建设设计研究院	076
上海市石洞口城市污水处理厂污泥处理工程	上海市政工程设计研究院	078
南京玄武湖隧道工程	上海市隧道工程轨道交通设计研究院	080
上海市共和新路高架工程	上海市隧道工程轨道交通设计研究院 上海市政工程设计研究院	082
上海机动车检测中心一期项目	上海市机电设计研究院有限公司	084
闵行体育公园	上海市园林设计院	086
梦清园	上海市园林设计院	088
西藏日喀则扎什文化广场	上海市园林设计院	090
润扬长江公路大桥南汊悬索桥南锚碇基础与基坑监测	上海申元岩土工程有限公司	092
浦东国际机场二期飞行区岩土工程勘察、监测与检测	上海岩土工程勘察设计研究院有限公司	094
江苏沙河抽水蓄能电站工程勘察	上海勘测设计研究院	096

二等奖

项目名称	获奖单位	索引
上海市奉贤中学	华东建筑设计研究院有限公司	100
上海大学新校区礼堂	同济大学建筑设计研究院	101
卢湾体育场整体改造及青少年中心	上海建筑设计研究院有限公司	103
上海市第一中级人民法院审判法庭楼	上海建筑设计研究院有限公司	104
上海区域空中交通管制中心	华东建筑设计研究院有限公司	106
复旦大学史带楼	上海民港国际建筑设计有限公司	107
罗店新镇美兰湖国际会议中心	上海建筑设计研究院有限公司	109
上海震旦国际大楼	上海市建工设计研究院有限公司 日本株式会社日建设计、同济大学建筑设计研究院、海文斯钢铁公司	110
上海马戏城	华东建筑设计研究院有限公司	112
上海中医药大学迁建工程	上海建筑设计研究院有限公司 美国Gensler 国际有限公司	113
黄山新城D街坊中学	上海中房建筑设计有限公司	114
上海技术物理研究所红外光电实验大楼	中国电子工程设计院上海分院	116
南汇文化中心	同济大学建筑设计研究院 法国夏邦杰建筑师事务所	117
天主教上海教区主教府改造(圣爱广场)	华东建筑设计研究院有限公司	119
太平洋保险职业学院行政楼	上海现代建筑设计(集团)有限公司	120
中国福利会幼儿园	上海现代建筑设计(集团)有限公司	122
同济大学医学院	同济大学建筑设计研究院	123
上海南汇中学	上海建筑设计研究院有限公司	125
上海植物园展览温室	上海建筑设计研究院有限公司	126
中联部办公用房翻扩建工程	华东建筑设计研究院有限公司	128
远洋调度大厦	华东建筑设计研究院有限公司	130
国家信息安全工程研究中心	上海浦东建筑设计研究院有限公司	131
上海浦东通用汽车展示厅及办公楼	同济大学建筑设计研究院 法国夏邦杰建筑师事务所	132
河南中医学院第一附属医院新建病房楼	上海市卫生建筑设计研究院有限公司	134
上海金球七宝购物中心	上海天华建筑设计有限公司 技联组工程顾问有限公司(台湾)	136
中钞油墨生产基地	上海建筑设计研究院有限公司	138
上海市建筑科学研究院环境研究中心办公楼	上海建科建筑设计院有限公司	139
北京国华置业办公楼	华东建筑设计研究院有限公司	141
华东政法学院松江校区图文信息中心	上海华东建设发展设计有限公司	142
上海市轨道交通5号线(莘闵线)设计(总体)	上海市隧道工程轨道交通设计研究院	144
常州地区供水一期工程	上海市政工程设计研究院	145
上海市磁悬浮快速列车示范运营线工程－沿线供电及牵引工程	上海市政工程设计研究院	146
浙江仙居制药股份有限公司污水处理工程	上海市政工程设计研究院	147
萧山污水处理厂扩建工程	上海市政工程设计研究院	148
乌鲁木齐市外环线工程	上海市政工程设计研究院	149
沪芦高速公路工程(北段)	上海市政工程设计研究院	150
上海市轨道交通明珠线一期工程总体设计	上海铁路城市轨道交通设计研究院 上海城市规划设计研究院 上海城市综合交通规划研究所	151
浦南东片出海闸及龙泉港南段河道工程	上海市水利工程设计研究院	152
东方路－张杨路下立交工程	上海市城市建设设计研究院	153
上海A4(莘奉金高速)公路南段工程	上海科达市政交通设计院	154
宁波大榭开发区大桥引水管道工程	上海市政工程设计研究院	155
上海市A30(A4～南芦公路、沪南公路～界河)高速公路	上海市政工程设计研究院	156
南星水厂饮用净水技术改造及扩建一期工程	上海市政工程设计研究院	157
福州市洋里污水处理厂工程	上海市政工程设计研究院	158
重庆市三峡库区水环境项目－涪陵区污水处理厂工程	上海市政工程设计研究院	159
嘉兴市石臼漾水厂深化处理工程	上海市政工程设计研究院	160

黄浦江干流新增防洪工程	上海市水利工程设计研究院	161
苏州市石湖大桥	上海市政工程设计研究院	162
青岛中集集装箱制造有限公司青岛工业园项目	上海市机电设计研究院有限公司	163
上海梅山钢铁股份有限公司2号高炉大修工程	上海梅山工业民用工程设计研究院有限公司	164
500kV顾路变电所工程	中国电力工程顾问集团华东电力设计院 上海电力设计院有限公司	165
500kV杨行－杨高输电线路工程	中国电力工程顾问集团华东电力设计院 上海电力设计院有限公司	166
大宁灵石公园	上海市园林设计院	167
凯桥绿地	上海市园林设计院	168
东方路（棋昌栈～龙阳路）景观绿地工程	上海浦东建筑设计研究院有限公司	169
太仓人民公园改扩建工程	上海上农园林环境建设有限公司	170
法国马赛《上海园》	上海市园林设计院	171
宁波镇海沿江公园	上海市园林设计院	172
浙江义乌绣湖公园	上海市园林设计院	174
上海市磁悬浮快速列车示范运营线工程勘察	上海市政工程设计研究院	175
同三国道（上海段）高速公路工程测量	上海市政工程设计研究院	176
500kV吴淞口大跨越岩土工程勘测	中国电力工程顾问集团华东电力设计院	177
中船长兴岛造船基地围海造地岩土工程勘察	中船勘察设计研究院	178
东方艺术中心岩土工程勘察	上海岩土工程勘察设计研究院有限公司	179
上海港外高桥港区四期工程勘察	上海海洋地质调查局地质勘察工程公司	180
上海国际赛车场岩土工程勘察	上海申元岩土工程有限公司	181
润扬长江公路大桥南汊悬索桥北锚碇基坑监测	上海岩土工程勘察设计研究院有限公司	182
上海国际赛车场岩土工程监测与检测	上海岩土工程勘察设计研究院有限公司	183
浦东新区行政办公中心绿地民防工程地下车库	上海市地下建筑设计研究院	184
义乌市市民广场地下商场及停车库	上海市地下建筑设计研究院	185

三等奖

项目名称	获奖单位	索引
中兴通讯上海研发中心	上海建筑设计研究院有限公司	188
上海第二医科大学附属第九人民医院外科病房综合楼	上海市卫生建筑设计研究院有限公司	189
中国科学院上海药物研究所迁址浦东张江项目	华东建筑设计研究院有限公司	190
上海国家会计学院(原名:中国注册会计师上海培训基地)	上海建筑设计研究院有限公司 加拿大B+H建筑设计事务所	190
第二军医大学附属长海医院胸心疾病诊治中心楼	华东建筑设计研究院有限公司	191
上海古象大酒店	华东建筑设计研究院有限公司 冯庆延建筑师事务所（香港）有限公司	192
漕河泾12期厂房	上海现代建筑设计(集团)有限公司	193
舟山市航海职业教育培训园区	上海工程勘察设计有限公司	194
真北路市场服务中心	上海浦东建筑设计研究院有限公司 上海东方建筑设计研究院	194
中山医院天马山分院	上海三益建筑设计事务所	195
三金大厦	上海中建建筑设计院有限公司	195
上海机场（集团）有限公司建设开发业务用房	华东建筑设计研究院有限公司	196
上海恒瑞医药有限公司	上海核工程研究设计院	197
上海紫泉饮料有限公司新建厂房一期工程	上海核工程研究设计院	197
达记家纺实业公司－厂房、综合楼	上海浦东建筑设计研究院有限公司	198
上海紫竹科学园区科学广场	华东建筑设计研究院有限公司	199
华东政法学院松江校区公共教学楼	上海华东建设发展设计有限公司	199
扬州市供电局(公司)生产经营调度用房	上海建筑设计研究院有限公司	200
宜川中学整体改建	上海城凯建筑设计有限公司	200
联洋居住区E地块－商娱楼	上海建筑设计研究院有限公司	201

罗店北欧风情街	上海建筑设计研究院有限公司	202
上海金山众仁护理院	上海市卫生建筑设计研究院有限公司	203
军天湖中心监狱	上海浦东建筑设计研究院有限公司	204
中科院上海分院研究生教育基地(中科大厦)	上海工程勘察设计有限公司	204
埭头镇政府大楼	同济大学建筑设计研究院	205
上海市统计资料馆	上海工程化学设计院有限公司	206
上海出版高等专科学校图书馆	上海高等教育建筑设计研究院	207
神龙汽车有限公司新总部大楼	上海城乡建筑设计院有限公司	208
广州大学城（小谷围岛）市政道路及综合管沟工程	上海市政工程设计研究院	208
苏州市竹园大桥	同济大学建筑设计研究院 苏州市市政工程设计院	209
杭州市西湖隧道工程	上海市隧道工程轨道交通设计研究院	209
无锡市金城大桥	上海市政工程设计研究院	210
浦兴路(航津路-港城路)新建工程	上海浦东建筑设计研究院有限公司	211
松江区砖莘公路跨线桥工程	同济大学建筑设计研究院	212
上海市浦东新区中江路(巨峰路-五洲大道)道路工程赵家沟大桥桥梁工程	中南市政设计研究院上海浦东分院	212
吴江市区域供水工程	上海市政工程设计研究院	213
乌鲁木齐市木材厂立交工程	上海市政工程设计研究院	213
上海国际赛车场给排水工程	上海市政工程设计研究院	214
上海国际汽车城核心贸易区市政道路与桥梁工程	上海市政工程设计研究院	215
上海市郊区环线（A30）北段高速公路工程	上海市政工程设计研究院	216
一桥二隧浦东接线道路改造工程	上海浦东建筑设计研究院有限公司	217
上海市磁悬浮快速列车示范运营线工程-110kV主变、牵引变电所	上海市政工程设计研究院	217
月浦水厂排泥水处理工程	上海市政工程设计研究院	218
上海国际赛车场道路与市政配套工程	上海市政工程设计研究院	218
上海中医药大学新校区工程桥梁涵洞工程	上海科达市政交通设计院	219

上海市轨道交通张杨路110kV主变电站工程(轨道交通4号、6号线共用)	上海电力设计院有限公司	220
上海市长寿公园	同济大学建筑设计研究院	220
沪闵路高架道路二期绿化工程(徐汇段、闵行段)	上海市园林设计院	221
罗山路~龙阳路立交景观绿化工程	上海浦东建筑设计研究院有限公司	221
上海市磁悬浮快速列车示范运营线主线绿化工程	上海市园林设计院	222
上海市磁悬浮快速列车示范运营线两侧绿带绿化工程	上海浦东建筑设计研究院有限公司	222
大众汽车一厂总装、油漆车间岩土工程勘察	上海岩土工程勘察设计研究院有限公司	223
上海市外环线浦东段工程-环东二大道工程勘察	上海市政工程设计研究院	223
福建汀江(永定)棉花滩水电站施工控制网测量	上海勘测设计研究院	224
华尔登广场二、三期工程勘察	上海地矿工程勘察有限公司	224
上海市郊环北段高速公路工程测量	上海市政工程设计研究院	225
浦东新区GPS加密控制网工程测量	上海市测绘院	225
沪闵路高架道路二期工程勘察	上海市城市建设设计研究院	226
上海IBM微科厂房工程勘察	中国建筑西南勘察设计研究院	226
江南名邸住宅区岩土工程勘察	上海豪斯岩土工程技术有限公司	227
杭州市1:500基础测绘转塘测区项目	上海岩土工程勘察设计研究院有限公司	227
复兴(无锡)大厦二期工程勘察	上海申元岩土工程有限公司	228
沪闵路高架道路二期工程测量	上海市城市建设设计研究院	228
世和园住宅小区工程勘察	上海协力岩土工程勘察有限公司 上海杨浦建筑设计有限公司	229
四达路58号地块商品住宅岩土工程勘察	中船勘察设计研究院	230
豫园鄂尔多斯广场地下车库	上海市地下建筑设计研究院	230
联洋年华(原联洋华庭)地下汽车库	上海民防建筑研究设计院有限公司	231
银杏绿苑21号六级人防汽车库	上海新华建筑设计有限公司	232
香梅花园(一期)B区地下车库	上海民防建筑研究设计院有限公司	232

2005年度上海市建设工程优秀勘察设计专业奖

一 等 奖

项 目 名 称	获 奖 单 位	专业	主要设计人
上海市莘闵轻轨交通线信号系统工程设计	上海铁路城市轨道交通设计研究院	电气	陈浩飞、汪龙才
中组部办公楼弱电	华东建筑设计研究院有限公司	电气	温伯银、王小安
润扬长江公路大桥南汊悬索桥南锚碇基础与基坑围护工程设计	上海申元岩土工程有限公司	结构	梁志荣、裴 捷
上海东方艺术中心工程基坑围护工程设计	上海申元岩土工程有限公司	结构	梁志荣、赵 军

二 等 奖

项 目 名 称	获 奖 单 位	专业	主要设计人
上海香港新世界大厦	上海建筑设计研究院有限公司 加拿大B+H建筑事务所(建筑完成扩初、项目建筑师管理)	建筑	陈 毓、包子翰
上海明代徐光启墓复原工程	上海交大安地建筑设计有限责任公司	建筑	曹永康、刘朔坦
世茂滨江花园一期地下车库	上海建筑设计研究院有限公司	结构	黄绍铭、顾嗣淳
无锡惠山区行政中心	同济大学建筑设计研究院	电气	严志峰
上海讯科微电子机电制造有限公司废水处理站	中船第九设计研究院	给排水	戴荣海
纳米比亚北方制革厂	上海轻工业工程设计研究院有限公司 纳米比亚翁达瓜市建筑设计院	给排水	戴一彪
宝钢钢铁股份有限公司2050热轧带钢表面质量自动在线检查设备改造	上海宝钢工程技术有限公司	工艺	吴 杰
宝钢钢铁股份有限公司能源部液化装置改造工程－新增液化装置	上海宝钢工程技术有限公司	工艺	拓西梅

三 等 奖

项 目 名 称	获 奖 单 位	专业	主要设计人
上海比亚迪有限公司综合楼	上海工程勘察设计有限公司	建筑	刘瑛春
白云观迁建工程	上海东亚联合建筑设计有限公司	建筑	周振华
兴业大厦基坑围护	华东建筑设计研究院有限公司	结构	王卫东
上海瑞金医院门诊大楼、急诊医技楼工程基坑围护工程设计	上海申元岩土工程有限公司	结构	刘陕南

项 目 名 称	获 奖 单 位	专业	主要设计人
上海中国烟草博物馆	上海核工程研究设计院	结构	顾生泉
友力大厦	上海现代建筑设计(集团)有限公司	结构	王耀龙
上海浦东高桥仓储运输公司(西场)改扩建工程物流转运中心	中交第三航务工程勘察设计院	结构	赵令玉
天津经济技术开发区滨海金融街（一期）	华东建筑设计研究院有限公司 法国 AREP 建筑公司	给排水	徐 琴
梅山室内游泳馆	上海梅山工业民用工程设计研究院有限公司	给排水	董永菊
永生招商大厦(双鸽大厦)	上海现代建筑设计(集团)有限公司	给排水	胥 超
上海浦东高桥仓储运输公司(西场)改扩建工程物流转运中心	中交第三航务工程勘察设计院	给排水	崔德萍
上海市第五人民医院新建医技传染病综合楼	上海市卫生建筑设计研究院有限公司	暖通	严建敏
金山沙滩排球场	上海工程勘察设计有限公司	电气	王 飙
易初莲花（昆山）店	上海市建工设计研究院有限公司	电气	李 宇
昌辉大厦	上海市房屋建筑设计院有限公司 香港 I&T 建筑师事务所	电气	齐 伟

2005年度上海优秀勘察设计获奖单位一览表

序号	单位名称	地址	电话	邮编
1	上海东亚联合建筑设计有限公司	延安东路128弄28号4楼	63217300	200002
2	上海城乡建筑设计院有限公司	梅岭南路曹杨五村206号	62545093	200062
3	上海新华建筑设计有限公司	长寿路468号中环商务大厦14楼	62274592	200060
4	中南市政设计研究院上海浦东分院	浦东塘桥茂兴路90号恒仁广场3座5B	58395118	200127
5	上海市测绘院	武宁路419号	62549550	200063
6	中交第三航务工程勘察设计院	肇嘉浜路831号	64381730	200032
7	同济大学建筑设计研究院	四平路1239号	65987788	200092
8	上海梅山工业民用工程设计研究院有限公司	南京中华门外新建	025-86365034	210039
9	上海铁路城市轨道交通设计研究院	天目中路291号	51225637	200070
10	上海市建工设计研究院有限公司	武夷路150号1号楼	62125425	200050
11	上海协力岩土工程勘察有限公司	曹杨路540号中联大厦2402号	62447171	200063
12	上海地下建筑设计研究院	复兴中路593号25楼	64729899	200020
13	中国建筑西南勘察设计研究院	浦东金新路58号1002室	58543404	201206
14	上海交大安地建筑设计有限责任公司	番禺路667号E座	62822221	200030
15	上海华东建设发展设计有限公司	定西路988号银统大厦南6楼	52391706	200050
16	上海市房屋建筑设计院有限公司	淮海西路570号（兰楼）	62836098	200052
17	上海市水利工程设计研究院	中宁路99号	62054615	200063
18	上海豪斯岩土工程技术有限公司	天山路585弄28号203室	62345177	200336
19	上海岩土工程勘察设计研究院有限公司	延安东路34号	63210754	200002
20	上海市城市建设设计研究院	西藏南路1175号	63768720	200011
21	上海民港国际建筑设计有限公司	西藏南路1368号3楼	53078600	200011
22	上海浦东建筑设计研究院有限公司	浦东浦建路1149号	50455300	201204
23	上海隧道工程轨道交通设计研究院	天目西路290号康吉大厦	63178200	200070
24	上海中房建筑设计有限公司	梦花路234号6楼	63671500	200010
25	中船第九设计研究院	武宁路303号	62549700	200063
26	上海现代设计（集团）有限公司	石门二路258号	52524567	200041
27	上海高等教育建筑设计研究院	淮海中路1487弄57号	64741900	200031

28	中船勘察设计研究院	中山北路3302号	62548041	200063
29	上海机电设计研究院有限公司	北京西路1287号	62472277	200040
30	上海工程勘察设计有限公司	武宁南路318号6楼	62309116	200042
31	上海建筑设计研究院有限公司	石门二路258号	52524567	200041
32	上海园林设计院	新乐路45号	54041135	200031
33	上海中建建筑设计院有限公司	浦东世纪大道1500号7楼	68407215	200021
34	上海三益建筑设计事务所	淮海中路300号13楼	53069988	200021
35	上海市卫生建筑设计研究院有限公司	成都北路408号	63722445	200003
36	上海科达市政交通设计院	南丹东路106号3楼	54255050	200030
37	上海申元岩土工程有限公司	西藏南路1368号中都大厦3楼	64376927	200011
38	上海建科建筑设计院有限公司	宛平南路75号3号楼	64686122	200032
39	上海宝钢工程技术有限公司（冶金院）	宝山区铁力路2510号	66786678	201900
40	上海市政工程设计研究院	中山北二路901号	51299999	200092
41	上海城凯建筑设计有限公司	铜仁路331号12A	63233537	200040
42	上海民防建筑研究设计院有限公司	复兴中路593号2210室	24028072	200020
43	上海工程化学设计院有限公司	田东路88号	64705888	200235
44	上海核工程研究设计院	虹槽路29号	64850220	200233
45	华东建筑设计研究院有限公司	汉口路151号	63217420	200002
46	中国电力工程顾问集团华东电力设计院	武宁路409号	22015652	200063
47	上海上农园林环境建设有限公司	虹桥路1829弄30号	62623636	200336
48	上海勘测设计研究院	逸仙路388号	65427779	200434
49	上海地矿工程勘察有限公司	灵石路930号地质大厦4楼	66105430	200072
50	上海海洋地质调查局地质勘察工程公司	浦东商城路1225号2号楼6楼	58308268	200120
51	上海天华建筑设计有限公司	中山西路1800号28楼	64281588	200233
52	上海轻工业工程设计研究院有限公司	鲁班路700号	63029999	200023
53	上海电力设计院有限公司	重庆南路310号1014室	64456933	200025
54	中国电子工程设计院上海分院	浦东金桥路1379号金桥大厦14楼	58993595	200129
55	杭州市建筑设计研究院上海分院	杭州市浣纱路128号	0571-87914393	310001